AF549644

BAUSTEINE DES WANDELS

ASTRID SCHULTE & REZA RAZAVI

# BAUSTEINE DES WANDELS

## EIN PRAXISBUCH FÜR DIE ERFOLGREICHE UNTERNEHMENSTRANSFORMATION

Campus Verlag
Frankfurt/New York

ISBN 978-3-593-51989-0 Print
ISBN 978-3-593-45959-2 E-Book (PDF)
ISBN 978-3-593-45958-5 E-Book (EPUB)


Umschlaggestaltung: studioheyhey, Frankfurt am Main
Umschlagmotiv: © studioheyhey.com
Satz: inpunkt[w]o, Wilnsdorf (www.inpunktwo.de)
Gesetzt aus der Minion und Maison Neue
Druck und Bindung: Beltz Grafische Betriebe GmbH, Bad Langensalza
Beltz Grafische Betriebe ist ein Unternehmen mit finanziellem Klimabeitrag (ID 15985–2104-1001).
Printed in Germany

www.campus.de

# Inhalt

# Einleitung

Transformation ist ein mächtiges Wort. Es trägt so viel Gewicht und Bedeutung, dass es nicht leichtfertig verwendet werden sollte. Gleichzeitig beschäftigt es heute jede Organisation, unabhängig von ihrer Größe. Wie sonst, wenn nicht durch Transformation, können wir den gewaltigen sozialen, politischen, klimatischen und kulturellen Herausforderungen unserer Zeit begegnen? Kein Unternehmen kann sich der Notwendigkeit der Transformation entziehen. Die Gründe dafür sind so vielfältig wie die Unternehmen selbst.

Es ist eine weit verbreitete Annahme, Veränderung sei ein einmaliges Ereignis, ein sich nicht wiederholendes Geschehen, nach dem für lange Zeit alles wieder gut ist. Doch dies entspricht nicht unserem Verständnis von Transformation. Die Fähigkeit zum Wandel, ob im Ganzen oder in Teilbereichen, werden wir in Unternehmen immer brauchen. Nur so können wir interne und externe Veränderungen antizipieren und das Unternehmen immer wieder ausbalancieren.

Allerdings trifft die Notwendigkeit einer ständigen Anpassungsfähigkeit oder Ausbalancierung häufig auf Menschen, die Veränderungen ablehnen oder gar Angst davor haben – mit gravierenden Folgen für das jeweilige Unternehmen. Wir glauben, die meisten Transformationen in Unternehmen und Organisationen scheitern daran, dass die Menschen bei Transformationen außen vor bleiben und so gar nicht die Chance bekommen, ihre Haltung oder ihr Verhalten zu ändern. In vielen Fällen sind handwerkliche Fehler der Führung die Ursache dafür, viel häufiger liegt es jedoch an fehlender Klarheit in der Kommunikation und der mangelnden Bereitschaft, die Menschen zu Beteiligten zu machen.

Wir hätten dieses Buch nicht geschrieben, wenn wir angesichts der Notwendigkeit von Transformation in den Chor der Ängstlichkeit und des Zweifelns einstimmen würden. Vielmehr sind wir der festen Überzeugung, dass jede Transformation auch eine Chance und ein Versprechen für alle sein kann. Wenn es uns gelingt, Menschen zu inspirieren, zu berühren und zu überzeugen, werden wir sie mitnehmen und zum Wandel bewegen können. Wie kann das gelingen?

Die Vorstellung eines einheitlichen, fehlerfreien Pfades durch den Dschungel der Transformation ist dabei jedenfalls nicht hilfreich, sondern eine Illusion. Checklisten, die man nur abhaken muss, klingen verlockend, führen aber selten zum Ziel. Sie erinnern an das »Malen nach Zahlen«, wie der Topmanagement-Coach Klaus Eidenschink es augenzwinkernd ausdrückt[1] – doch wer so malt, wird kein Meisterwerk erschaffen. Transformation ist vielmehr eine Kunst, die ihren eigenen Gesetzen folgt. So wie jeder Mensch einzigartig ist, ist auch jedes System einzigartig. Die Annahme, man könne mit einem allgemein verbindlichen Katalog von Anweisungen erfolgreiche Veränderungen herbeiführen, ignoriert die reiche Vielfalt der Erscheinungsformen, mit denen wir es zu tun haben. Vorgefertigte Rezepte gehen davon aus, dass wir es immer mit den gleichen Umständen zu tun haben, die wir beliebig reproduzieren könnten. Ein solches Denken wird aber der Komplexität unserer Wirklichkeit nicht gerecht. Denn wir Menschen und mit uns Gesellschaften, Organisationen – ja sogar Unternehmen – unterliegen einem ständigen Wandel. Deshalb kann eine sogenannte Best Practice von heute schon morgen nicht mehr die beste Praxis sein. Best Practices haben nur dann einen Wert, wenn wir davon ausgehen, dass die Zukunft genauso verlaufen wird wie die Vergangenheit.

Auch wenn es also unserer Meinung nach keinen Königsweg für Transformationen gibt und auch nicht geben kann, lassen sich essenzielle Elemente ausmachen, die für eine Transformation von Organisationen nötig sind. Wenn man eines dieser Elemente vernachlässigt, wird es schwer sein, die Entwicklung voranzutreiben. Diese essenziellen Elemente aufzuzeigen, darin Muster zu erkennen und diese zu beschreiben, ist unsere Motivation für dieses Buch. Dabei wollen wir praktische Beispiele und Tipps geben, die unsere Leserinnen und Leser inspirieren und motivieren sollen, die Transformation nicht als notwendiges Übel, sondern als Chance zu verstehen, sie zu starten und mitzugestalten.

Gemeinsam erkunden wir die unverzichtbaren Elemente, die im Herzen jeder Transformation liegen. Einer unserer wichtigen Lehrmeister auf dieser Reise ist das Minimumgesetz von Justus von Liebig, das besagt, dass der Gesamtprozess stets durch die knappste Ressource begrenzt wird. Wie bei den Pflanzen, die nur dann ihr volles Potenzial entfalten können, wenn alle notwendigen Nährstoffe vorhanden sind. Fehlt ein essenzieller Bestandteil, hat dies unweigerlich negative Auswirkungen, selbst wenn alle anderen Elemente im Übermaß zur Verfügung stehen.

Vor diesem Hintergrund haben wir sechs Schlüsselthemen ausgewählt, die unserer Erfahrung nach die Eckpfeiler einer jeden erfolgreichen Transformation bilden. Diese Themen, denen wir jeweils ein Kapitel gewidmet haben, bieten wir Ihnen als Wegweiser an, um die komplexen Herausforderungen einer jeden Veränderung nicht nur zu verstehen, sondern sie auch meisterhaft zu gestalten.

Wir sind der Überzeugung, dass Transformationen in Unternehmen und Organisationen immer auch die Veränderung vieler Menschen erfordern und möglich machen. Dieser Aspekt von Transformation im Unternehmen liegt uns besonders am Herzen, weil wir beide den Prozess der »inneren Transformation« durchlaufen haben, wenn auch mit unterschiedlichem Fokus. Deshalb haben wir auch diesen Aspekt in mehrere Kapitel dieses Buches integriert.

Wir wünschen Ihnen viel Freude, neue Erkenntnisse oder auch die Bestätigung Ihrer eigenen Erfahrungen mit diesem Buch. Haben Sie den Mut, Leuchtturm von Transformationen zu sein. Es lohnt sich.

Hamburg und München im April 2024,
*Astrid Schulte & Reza Razavi*

# *Kapitel 1*
# Ehrlichkeit – Transformation muss man wirklich wollen

Die erste Frage, die wir Ihnen stellen möchten, bevor Sie unser Buch lesen, ist inspiriert von der Aussage des österreichisch-US-amerikanischen Sozialphilosophen und Anthropologen Frithjof Bergmann, der als Begründer der »New Work«-Bewegung gilt: »Menschen sollen die Arbeit machen, die sie wirklich, wirklich wollen!«[1] Damit unterstreicht Bergmann, dass Menschen die Freiheit haben sollten, ihre Arbeit mit Freude und Erfüllung gestalten zu können. Indem sie ihren Leidenschaften nachgehen und ihre Talente nutzen, können sie persönlich wachsen und einen wertvollen Beitrag für die Gesellschaft leisten.

Diesem Grundgedanken von Bergmann folgend lautet unsere Frage: Wollen Sie den Wandel wirklich? Oder wird das Thema aufgegriffen, weil es zum Modewort geworden ist? Und welche Rolle wollen Sie als Unternehmen dabei spielen? Was wünschen Sie sich als Ergebnis des Wandels? Wenn Sie in Transformationsprozesse integriert sind, egal in welcher Funktion, müssen Sie sich diese Fragen stellen und sie ehrlich beantworten.

Das Thema Ehrlichkeit spielt eine zentrale Rolle in Veränderungsprozessen. Jede Transformation beginnt mit Ehrlichkeit, und sie endet meist dann, wenn die Ehrlichkeit abhandenkommt. Deshalb widmen wir das erste Kapitel dieses Buches diesem Thema. Ehrlichkeit hat in Unternehmenstransformationen unterschiedliche Dimensionen, denen wir im Folgenden nachgehen werden. Sie betrifft nicht nur die einzelnen Mitarbeitenden, sondern auch die Ehrlichkeit anderen gegenüber und die gesamte Kommunikation im Unternehmen – sowohl nach innen als auch nach außen.

Oft stoßen wir in unseren Gesprächen mit Menschen aus ganz unterschiedlichen Kontexten auf negative Narrative über Veränderungen und Wandel. Mit einer Vielzahl von Argumenten und Geschichten scheinen viele alles zu tun, um Veränderungen zu verhindern. Wir hören dann Aussagen wie:

- »Menschen mögen keine Veränderungen.«
- »Never change a running system.«
- »Der Einzelne kann sowieso nichts ändern.«
- »Das könnte mehr Probleme schaffen als lösen.«
- »Warum das Rad neu erfinden?«

Wandel hat insbesondere in der westlichen Welt häufig eine negative Konnotation, er wird assoziiert mit Unsicherheit und erzeugt Angst. Wir betrachten Veränderungen in der Regel als herausfordernd und eher erklärungsbedürftig, während wir Stabilität als normal und wünschenswert ansehen. Das wird uns von klein auf beigebracht, und dies spiegelt den Kern der westlichen Philosophie wider. Veränderung ist ein Übergangsstadium von einem Gleichgewicht oder stabilen Zustand zu einem neuen Gleichgewicht oder stabilen Zustand.

Wenn wir aber genauer hinschauen, ist Veränderung immer auch etwas Magisches und Konstruktives: Das Alte geht, das Neue kommt. Damit unsere Systeme lebens- und zukunftsfähig bleiben, müssen sie sich fortwährend zwischen zwei Polen bewegen: Bewahren und Erneuern. Diese Bewegung gilt es auszutarieren, um eine gute Balance und eine gewisse Robustheit zu erreichen. Die Balance zwischen Bewahren und Erneuern ist entscheidend. Wir müssen lernen, Stabilität zu schätzen, ohne uns in überholten Strukturen zu verlieren. Gleichzeitig ist es wichtig, offen für Veränderungen zu sein und Neues zu integrieren, ohne unsere Wurzeln und unsere Identität zu verlieren. So kann eine gesunde Dynamik zwischen Tradition und Innovation entstehen, die es uns ermöglicht, individuell und gesellschaftlich zu wachsen und uns weiterzuentwickeln. Diese harmonische Verschmelzung von Altem und Neuem ist das Fundament für eine zukunftsfähige, resiliente Gesellschaft. Deswegen benötigen die Systeme immer abwechselnde Zyklen von Stabilität und Instabilität, Kontinuität und Diskontinuität, Chaos und Ordnung.[2]

Unserer Ansicht nach brauchen wir also eine andere Haltung zum Wandel. Wandel ist ein fortwährender Prozess, und die Fähigkeit zum Wandel ist eine notwendige Kompetenz für die Zukunft, denn die Lösungen von gestern sind die Probleme von heute, die Lösungen von heute die Probleme von morgen.[3] Zu glauben, man könne sich nach einer Entwicklung dauerhaft ausruhen und entspannen kann, ist ein Irrtum. Jeder Status quo ist letztlich das Ergebnis eines Wandels. Lösungen in komplexen Systemen sind immer Lösungen auf Zeit. Wenn wir ehrlich zu uns, mit uns und miteinander sind, werden wir um diese Erkenntnis nicht herumkommen.

## 1.1 Ehrlichkeit als Wert

In den letzten Jahren hat die Wertschätzung von Ehrlichkeit in der Gesellschaft deutlich zugenommen. Diese Entwicklung kann auf verschiedene Faktoren zurückgeführt werden. Zum einen befördert die zunehmende Digitalisierung den Wunsch nach Transparenz und Authentizität, zumal negative Erfahrungen mit Betrug und Falschinformationen (*Fake News*) damit einhergehen; zum anderen trägt auch das wachsende Bewusstsein für Nachhaltigkeit und Umweltschutz dazu bei, dass wir uns vermehrt nach Ehrlichkeit sehnen.

**Werteindex Ranking**

| | 2014 | 2018 | 2022 | 2023 |
|---|---|---|---|---|
| 1 | Gesundheit | Natur | Gesundheit | Freiheit |
| 2 | Freiheit | Gesundheit | Freiheit | Gesundheit |
| 3 | Erfolg | Familie | Familie | Familie |
| 4 | Familie | Freiheit | Erfolg | Sicherheit |
| 5 | Gemeinschaft | Sicherheit | Sicherheit | *Ehrlichkeit* |
| 6 | Natur | Erfolg | Gemeinschaft | Gemeinschaft |
| 7 | Gerechtigkeit | Gemeinschaft | Natur | Anerkennung |
| 8 | Anerkennung | Anerkennung | Anerkennung | Erfolg |
| 9 | Sicherheit | Gerechtigkeit | *Ehrlichkeit* | Gerechtigkeit |

Abb. 1: Steigende Relevanz von Ehrlichkeit laut Werteindex
*(Quelle: https://www.bonsai-research.com/)*

Der Werteindex 2014–2023 bildet diese Veränderung der Wertvorstellungen in der Gesellschaft ab. Insbesondere zeigt er auf, dass die Werte Ehrlichkeit und Sicherheit verstärkt nachgefragt werden, bedingt durch ein gestiegenes Niveau an kritischen und reflektierten Meinungsäußerungen sowie dem zunehmenden Auftreten von Falschinformationen in einer Zeit, die von ineinander verschachtelten Krisen geprägt ist. Dabei nimmt die Bedeutung von personenbezogenen Lifestyle-Werten leicht ab, während gesellschaftliche Werte verstärkt gefragt sind.[4]

## 1.2 Ehrlichkeit schafft Verbundenheit

In der heutigen spätmodernen Gesellschaft ist die Arbeit an der eigenen Identität zu einer Daueraufgabe geworden. Der Druck, sich in einer von Individualität geprägten Gesellschaft abzugrenzen, führt dazu, dass Menschen ständig danach streben, sich von anderen zu unterscheiden, um wahrgenommen zu werden. Dieser Druck, Erwartungen zu erfüllen, kann dazu führen, dass man übertreibt oder gar lügt, um sich besser darzustellen. Das Ausmaß, in dem in unserer Gesellschaft gelogen wird, ist bemerkenswert und hat schwerwiegende Auswirkungen auf unsere psychische Gesundheit.

Der amerikanische Psychotherapeut Brad Blanton vertritt die Ansicht, wir sollten so oft wie möglich ehrlich sein, auch wenn es manchmal unangenehm ist. Er argumentiert, dass wir tatsächlich glücklicher sind, wenn wir nichts verschweigen, verdrehen oder beschönigen. Es geht aber nicht darum, die Wahrheit ständig laut zu verkünden.[5] Manchmal sei es auch sinnvoll, Informationen zurückzuhalten. Deshalb plädiert er dafür, sich nicht nur mit einem Extrem zu identifizieren.

Besondere Bedeutung hat Blanton zufolge die Ehrlichkeit in den zwischenmenschlichen Beziehungen. Seiner Meinung nach sind viele Probleme und Konflikte das Ergebnis von Unwahrheiten, Halbwahrheiten und unausgesprochenen Emotionen. Deshalb ermutigt er uns zu Offenheit und Transparenz im Umgang miteinander. Nach seiner Analyse führt dies zu einer tieferen Verbindung und einem besseren Verständnis zwischen den Menschen. Er ist davon überzeugt, dass radikale Ehrlichkeit den Menschen helfen kann, ein authentisches und erfülltes Leben zu führen, indem sie ihre Beziehungen verbessern, ihre persönliche Entwicklung fördern und ein tieferes Verständnis für sich selbst und andere entwickeln.[6]

Im Kontext Transformation ist uns wichtig festzuhalten: Ohne Ehrlichkeit gibt es keine Verbundenheit. Gerade in Transformationsprozessen ist es wichtig, das Gefühl zu haben, emotional in einem Boot zu sitzen und einander vertrauen zu können. Und dieses vertrauensvolle Miteinander kann nur entstehen, wenn es auf Ehrlichkeit aufgebaut ist.

Ehrlichkeit ist auch die Tugend der guten Leader. Wenn wir uns erinnern, welche Leader uns in der Vergangenheit durch gute Führung beindruckte und bewegt haben, dann merken wir, was das Wichtigste ist: nicht Kompetenz oder Kenntnisse, sondern Ehrlichkeit, die zu Vertrauen und Verbundenheit führt.

### Beispiel

Als Hendrik nach dem Studium in das Konsumgüterunternehmen kam, war sein erster Chef Christoph. Christoph war ein sehr dominanter Vorgesetzter. Er verlangte von seinem Team ständige Unterwerfung. Christoph machte Menschen klein, dominierte jedes Meeting, indem er immer zuerst seine Meinung kundtat und keine Gegenposition zuließ. Anderen zuhören konnte Christoph nie. Es herrschte immer Angst bei den Menschen, sobald Christoph an Projekten beteiligt war. Christoph erzählte auch oft nicht die Wahrheit, vielmehr verdrehte er Tatsachen, um seine Ziele zu erreichen oder seine Sicht auf die Dinge zu bestätigen. Wenn jemand sich ihm entgegensetzte, schrie er oft und verließ sogar den Raum. Hendrik war gleichzeitig beeindruckt und beunruhigt. Es war für ihn unverständlich, wie dieser Mensch in der Organisation einen solchen Erfolg hatte. Sogar als möglicher Nachfolger für den nächsten Direktor wurde er gehandelt. Basierend auf seinen Erfahrungen mit diesem Menschen konnte Hendrik bestätigen, dass dieser durch seinen Führungsstil definitiv nicht das Beste aus seinem Team holte. Hendrik dachte darüber nach, das Unternehmen zu verlassen, entschied sich aber dann, einen Teamwechsel zu beantragen. Gesagt, getan. Ramin war Hendriks neuer Vorgesetzter. Er war genau das Gegenteil von Christoph: freundlich, offen, ehrlich. Er war eine ausgewogene Persönlichkeit, er hörte zu, ließ seinem Team Raum für deren Entwicklung. Er verlangte auch völlige Ehrlichkeit, keiner sollte eine Rolle spielen, die nicht gewollt war, und sich so verbiegen. Hendrik wuchs bei Ramin über sich hinaus, machte schnell Karriere in dem Konzern und folgte ihm in den folgenden Jahren, auch als Ramin schließlich zum neuen Direktor ernannt wurde. Eine Aussage von Ramin hat Hendrik sein ganzes Leben nicht vergessen: »Achte mal darauf: Der schlaueste Mensch im Raum ist nie der lauteste und dominanteste, es ist immer der freundlichste und ehrlichste.« Das war von da an Hendriks Mantra für seine Karriere.

## 1.3 Mal ehrlich: Wollen Sie Ihr Unternehmen optimieren oder transformieren?

Wenn wir einen Unternehmenswandel anstreben, ist zunächst zu klären, ob das bestehende System durch Korrektur, Reparatur oder Optimierung zukunftsfähig gemacht werden kann oder ob es neu und anders aufgestellt werden muss. Ersteres nennen wir Change.

Ein Change liegt dann vor, wenn die grundsätzlichen Weltsichten, Logiken und inneren Bilder eines Systems unverändert bleiben. Change bedeutet, die bestehenden Paradigmen, Logiken und Gesetzmäßigkeiten nicht grundsätzlich infrage zu stellen. Changemanagement entwickelt das Bestehende weiter, um das Unternehmen effizienter, größer und ertragreicher zu machen. Man spielt dasselbe Spiel, nur mit verbesserten Spielregeln. Der Psychologe und Honorarprofessor für Organisationspsychologie Peter Kruse hat dies »Funktionsoptimierung« oder »Best Practice« genannt.[7] Zukunft ist dabei eine überarbeitete oder verbesserte Version der Vergangenheit. In diesem Sinne impliziert Change, dass sich manches ändert, während vieles gleich bleibt.[8]

Im Gegensatz dazu sucht Transformation immer nach dem Neuen und Anderen. Transformationsprozesse beschränken sich nicht auf die kurzfristige und spontane Bewältigung aktueller Probleme oder die bloße Optimierung des Bestehenden. Es geht nicht allein darum, den Status quo zu perfektionieren. Transformation bedeutet vielmehr, über den Tellerrand zu schauen, sich neu zu organisieren und kritisch zu hinterfragen, was funktioniert und was nicht. Die entscheidende Frage lautet: Können die Denkweisen und die Paradigmen von heute auch die Zukunft sichern? Transformation ist somit immer ein tiefgreifender Wandel, der mit einem grundlegenden Paradigmenwechsel einhergeht. Es geht darum, am System selbst zu arbeiten, nicht innerhalb der bestehenden Strukturen ein paar Stellschrauben zu verändern.

Bei der Unterscheidung von Change und Transformation entsteht das erste und größte Ehrlichkeitsdilemma, denn die Entscheidungsträgerinnen und -träger sind gefordert, an dem zu arbeiten, was ihnen bisher die Macht gegeben hat, nämlich am bisherigen System. Es ist das System, das sie an die Spitze gebracht und ihre Macht manifestiert hat, und an diesen Grundfesten müssen sie nun rühren.

## 1.4 Ehrlichkeit sich selbst gegenüber

Nur wenn die Entscheidungsträgerinnen und -träger ehrlich zu sich selbst und zum System sind, wenn sie Verantwortung übernehmen, die auch über ihre aktuelle Amtszeit hinausreicht, wird ein radikaler Systemwandel gelingen. Jede Transformation erfordert es, das Gesamtsystem und seine Zukunftsfähigkeit über persönliche Interessen zu stellen. Dies erfordert Mut, Verantwortungsbewusstsein und vor allem Ehrlichkeit.

Unserer Erfahrung nach ist Ehrlichkeit umso wichtiger, je mehr ein Unternehmen verändert wird. Jeder, der Mitgestalter sein möchte, sollte sich gerade in Entwicklungsphasen immer wieder hinterfragen: Was will ich wirklich? Welche Rolle strebe ich an? Wie möchte ich mich weiterentwickeln? Welche Bedürfnisse sind für mich wichtig? Welche Werte sind für mich unverhandelbar?

Diese Ehrlichkeit gegenüber sich selbst erfordert Selbstreflexion und die Bereitschaft, sich intensiv mit sich selbst auseinanderzusetzen. Denn die Antwort auf die Frage, wer man ist und was gut für einen ist, muss man sich selbst geben. Es wäre fatal, nach einem Vorbild oder einem Patentrezept zu suchen. Die Antwort liegt in uns selbst, in unserem eigenen Echo.

Es gilt also, die eigenen Bedürfnisse, Werte und individuellen Ansprüche zu kennen beziehungsweise sich diese immer wieder bewusstzumachen. Wenn wir im Einklang mit uns selbst leben, Klarheit über unsere Identität haben, können wir langfristig erfüllt, gesund, und leistungsfähig leben.

Der Neurobiologe Gerald Hüther bringt den Begriff der »inneren Kohärenz« in die Diskussion.[9] Kohärenz ist dann gegeben, wenn alles passt: das Denken, das Fühlen und das Handeln in Einklang stehen. Wenn die Realitäten den Erwartungen entsprechen, wenn die eigenen Werte im Unternehmen gelebt werden können. Um diese Kohärenz zu erreichen, ist die Ehrlichkeit uns selbst gegenüber unerlässlich. Kohärenz stellt ein festes Gerüst dar, was sich auch bei Disruptionen immer wieder schnell in Balance bringen kann. In Transformationsphasen eines Unternehmens ist das eine zentrale Kompetenz; bei Mitarbeitenden wichtig, bei Führenden unerlässlich.

Dies umso mehr, als jede Transformation von ihren Beteiligten verlangt, sich auch selbst zu ändern. Das betrifft unsere Haltung und unser Verhalten. Diese Wahrheit muss ausgesprochen werden; Führende und Mitarbeitende benötigen Unterstützung bei der persönlichen Veränderung. Wir raten dazu, dafür eine spezialisierte Beratung in Anspruch zu nehmen. Das verkürzt den Veränderungsprozess, macht ihn schlanker und effektiver.

## 1.5 Ehrlichkeit anderen gegenüber

Wir Menschen sind Resonanzwesen. Wir erfahren uns über Beziehungen und Resonanz, was bedeutet, dass wir fähig sind, mit anderen auf einer tieferen Ebene in Verbindung zu treten. Dabei geht es nicht nur darum, die Gefühle anderer Menschen zu verstehen, sondern auch darum, deren Bedürfnisse und Wünsche zu erspüren und zu erkennen. Dazu gehört auch die Fähigkeit, sich Fehler und Unsicherheiten in Beziehungen einzugestehen, sich verletzlich zu fühlen. Ohne Verletzlichkeit gibt es keine echte Bindung, und ohne Bindung gibt es kein Vertrauen.

In Transformationen ist es wichtig, dass Menschen ehrlich miteinander umgehen und alle Beteiligten nicht nur ihre Begeisterung und ihr Commitment gegenüber dem Prozess des Wandels zeigen dürfen, sondern auch ihre Ängste und Bedenken äußern können. Als Führungskraft müssen wir unseren Mitarbeiterinnen und Mitarbeitern die Sicherheit geben, dass ein hochgradig ehrlicher Umgang miteinander ohne negative Konsequenzen möglich ist.

Offenheit und Ehrlichkeit auf allen Ebenen schafft Vertrauen und fördert die Akzeptanz des Wandels. Dies ermöglicht eine nachhaltige Veränderung im Unternehmen, die langfristig erfolgreich ist.

### Beispiel

Als Corinna als Produktmanagerin in das kleine Kosmetikunternehmen einstieg, war sie sofort beeindruckt von der Kultur, die sich ihr ab dem ersten Tag zeigte. Sie spürte eine Verbundenheit der Mitarbeitenden, die sie vorher nicht so erlebt hat. Ein Grund für die Nähe untereinander war, dass die Menschen sich kannten, mehr voneinander wussten als üblicherweise in anderen Unternehmen. Ein Tool, das sich im Unternehmen etabliert hatte, war das »Read me«-Dokument. Darin hatte jeder Mitarbeitende aufgeschrieben, wer sie oder er ist, was ihm wichtig ist, was seine Werte sind. Oft wurden persönliche Erfahrungen oder Wünsche in Bezug auf das Arbeitsleben ergänzt. Der Grad der Offenheit und der Tiefe, die sich in dem Dokument widerspiegelte, konnte jeweils vom Verfasser selbst festgelegt werden. Wichtig war, dass das Dokument keine privaten Informationen enthielt, aber persönliche Kennzeichen, die Relevanz für die entsprechende Person im Unternehmen hatten. Das Ausfüllen des »Read me«-Formulars war freiwillig, aber die meisten in dem kleinen Kosmetikunternehmen hatten es gemacht. Als Corinna ihre Kennenlerntreffen mit Personen im Unternehmen hatte, waren deren »Read me«-Doks ein wichtiger Bestandteil. Corinna hat also nicht nur erfahren, was die Aufgaben und Inhalte der einzelnen Personen waren, sondern auch, was sie persönlich ausmacht. Nach einigen Wochen präsentierte sie ihr eigenes »Read me«, was für sie eine einzigartige Erfahrung war. Nie zuvor hatte sie erlebt, sich in der Arbeitswelt so zeigen zu können und darauf eine so positive Resonanz zu bekommen. Sie erkannte schnell, dass dieses »Read me«-Tool, das von der Geschäftsführerin selbst entwickelt wurde, ein Schlüssel für die verbundene Kultur im Unternehmen war.

## 1.6 Ehrlichkeit in der Kommunikation

Ehrlichkeit ist eine wesentliche Voraussetzung, um neue Zielbilder glaubwürdig darzustellen und attraktive Perspektiven aufzuzeigen – auch wenn sie noch nicht ganz komplett sind. Wir müssen die Kraft haben, glaubhaft zu vermitteln, dass die Zukunft besser sein wird als der gegenwärtige Zustand. Es muss sich lohnen, in das Neue zu investieren. Denn wenn Veränderungen durch Verzicht, Zwang oder düstere Zukunftsszenarien gerechtfertigt werden, fehlen der Anreiz und die Überzeugung, dass Veränderungen überhaupt stattfinden sollen. Ohne Vertrauen kann ein Zielbild nicht emotional verfangen und zu Veränderungen führen.

Unserer Überzeugung nach können Mitarbeiterinnen und Mitarbeiter besser mit der Wahrheit umgehen als mit Halbwahrheiten, die vor allem Verwirrung stiften. Deshalb ist eine ehrliche Kommunikation so wichtig. Sie ermöglicht die Identifizierung, die es braucht, um auch kritische Phasen der Transformation auszuhalten.

Führungskräfte spielen dabei eine zentrale Rolle. Sie sollten ehrlich an den Wandel glauben, die Instrumente verstehen und mittragen und jeden Tag Vorbild für ihre Teams sein. Ohne ihre Multiplizierungsfunktion, ohne ihr Leuchtturmverhalten wird eine durchgängige Transformation nicht möglich sein. Wenn Sie Ihre Mitarbeitenden außen vor lassen, sie nicht einbeziehen, ihnen nicht zuhören, dann werden sie sich als Objekt und Opfer des Wandels fühlen. Dann wollen die Mitarbeitenden nicht Teil des Veränderungsprozesses sein und gehen oft in den Widerstand.

Mit ehrlicher Kommunikation passiert das Gegenteil: Menschen fühlen sich als Teil des Wandels, haben eine Rolle inne, die ihnen entspricht, und wachsen oft über sich hinaus.

Wir möchten Sie ermutigen, Ehrlichkeit in der Kommunikation auch dann anzustreben, wenn die Ergebnisse des Wandels noch offen und unvorhersehbar sind. Verzichten Sie auf unrealistische Machbarkeitsprognosen, und akzeptieren Sie Unsicherheiten. Es gehört dazu, dass Transformationsprozesse sich nicht gradlinig und deterministisch vollziehen, sondern häufig der Logik der Evolution folgen. Das Evolutionsmodell umfasst drei wesentliche Schritte: Variation, Selektion und Retention. Variation bezieht sich auf die Entstehung von Neuem. In der Praxis werden neue Ideen entwickelt (Variation), dann erfolgt eine Auswahl und Selektion der vielversprechendsten Ansätze, gefolgt von einer Überprüfung und Bewertung der ausgewählten Ideen (Selektion). Schließlich erfolgen eine Konsolidierung und institutionelle Verankerung der ausgewählten Lösungen (Retention), sofern sie sich als geeignet durchsetzen.

Die kommunikativen Herausforderungen bestehen auch oft darin, dass die Beteiligten von Veränderungsprozessen Beweise dafür suchen, dass »das alles sowieso nicht klappen wird«. Wenn wir jedoch offen und ehrlich kommunizieren und erklären, warum Unschärfen zum Prozess gehören und Unvorhersehbarkeiten gewollt sind, können wir Zweiflern den Wind aus den Segeln nehmen. Klar zu sagen, dass in Transformationen immer Schritte nach vorne, zur Seite und auch zurück gemacht werden und letztlich vor allem die Gesamtentwicklung zählt, ist unseres Erachtens der richtige Umgang damit.

### Beispiel

Kurt leitete als Geschäftsführer die Transformation eines Familienunternehmens im Bereich Lasertechnik. Für viele altgediente Mitarbeitende waren die anstehenden Veränderungen größer als jede andere zuvor. Kurt wusste, diese Transformation würde nur dann gelingen, wenn alle mitmachen und sowohl ihre Haltung als auch ihre Handlungen verändern würden. Er präsentierte seinen Mitarbeitenden die Vision der Transformation, die Strategie, wie diese Vision erreichbar war, die wichtigsten Meilensteine. Auch die, die vielleicht wehtun würden, weil sie den Menschen im Unternehmen kurzfristig Sicherheit nehmen könnten. In dem Jahr der Umsetzung machte Kurt jede Woche ein Video für die Mitarbeitenden aller Standorte. In diesem Video wiederholte er die Vision und Strategie und kommunizierte klar den aktuellen Status: »Das haben wir schon erreicht, das noch nicht«. Zudem erzählte er in jedem Video, welche Person ihn im letzten Monat in der Transformation besonders beeindruckt hat. Dieses Tool der Kommunikation hat einen wesentlichen Beitrag zum späteren Erfolg der Transformation geleistet, weil es laufende Transparenz erzielt und die Menschen im Unternehmen in ein gemeinsames Boot gebracht hat.

## 1.7 Ehrlichkeit bei Misserfolg

Wer sich auf Transformation einlässt, muss sich bewusst sein, dass auch Misserfolge eine mögliche Folge sein können. Nahezu jede Transformation erzeugt Misserfolge, oft in Teilprojekten oder einzelnen Bereichen. Es erfordert mentale Stärke, sich einzugestehen, dass der eingeschlagene Weg nicht der richtige war. Misserfolge bedeuten aber häufig auch wichtige Lernerfahrungen, die das Unternehmen und die Transformation im Nachgang erfolgreich machen. Eine schnelle und offene Kommunikation der Misserfolge ebenso wie der Learnings und Konsequenzen ist also ein wesentlicher Aspekt. Überdies sollte das große Ganze und das Ziel von Transformation durch die Misserfolge nicht infrage gestellt werden dürfen, sondern immer wieder in den Mittelpunkt gestellt werden.

**Beispiel**

Das Start-up von Britta war nun seit zwei Jahren auf dem Markt, der Erfolg stellte sich nicht ein. Es war klar, dass das Geld des ersten Investors nicht mehr lange reichen würde. Die Mitarbeitenden hatten teilweise den Glauben an den Erfolg verloren, Britta war verzweifelt. Sie hatten doch so viel ausprobiert, so viele Wege getestet, das konnte doch nicht alles vergebens sein. Die Zahlen waren auch nicht verheerend, aber es reichte nicht, um das Unternehmen auf Dauer weiter bestehen zu lassen. Dann hatte Britta eine Idee. Sie lud ihre zehn Mitarbeitenden zu einem Workshop ein, in dem die letzten zwei Jahren analysiert wurden. Im Detail wurde aufgeschrieben, was versucht wurde, um das Produkt erfolgreich zu machen, was funktioniert und was nicht funktioniert hat und welche Learnings man daraus ziehen konnte. Dieser Workshop war ein Wendepunkt im Unternehmen und sollte in die später sehr erfolgreiche Unternehmensgeschichte eingehen. Nicht nur hat der Workshop den Mitarbeitenden wieder neue Motivation und Inspiration gegeben, sondern auch Erkenntnisse gebracht, die vorher nicht bekannt waren. Daraus wurde die neue Strategie entwickelt, die das Unternehmen in den nächsten Jahren sehr erfolgreich machen sollte.

## 1.8 Zur Wahrheit gehört, dass es auch Verlierer gibt

Jeder Wandel birgt eine Dialektik in sich. Jede Veränderung hat Nebenwirkungen – darunter auch unbeabsichtigte Konsequenzen, die eine harte, dunkle und kalte Seite haben können. Jeder Fortschritt hat seinen Preis, besonders in Übergangsphasen. Diese Phasen sind sowohl tragisch als auch faszinierend. Die Tragik liegt darin, dass ein Übergang viele Verlierer mit sich bringt; die Faszination entsteht aus dem Staunen über das Neue.

Wir sind voller Hoffnung, weil wir glauben, dass die Veränderung eine Verbesserung bringt, und gleichzeitig erleben wir Enttäuschungen, da das Neue auch neue Probleme mit sich bringt. Transformation ist daher ein emotionales Wechselbad der Gefühle, ein ständiges Auf und Ab. Zu glauben, bei einer Transformation können alle Beteiligten gewinnen, ist weder hilfreich noch ehrlich. Transformationen bringen neben Aufstiegen und positiven Transfers immer auch Trennungen und Veränderungen mit sich. Ehrliche Gespräche sind die Voraussetzung dafür, dass sich für jedes Teammitglied ein guter Weg finden lässt. Denn oft können durch Veränderungen im Unternehmen neue Optionen für beide Seiten entstehen – für das Unternehmen und für die Mitarbeitenden – und passende Lösungen entwickelt werden.

## Fazit

Ehrlichkeit ist eine Tugend, die häufig unter den Tisch fällt oder – gerade im Business – als »Soft Skill« abgetan wird. Wir sind in diesem Punkt anderer Meinung und glauben, dass Ehrlichkeit die Währung der Zukunft ist, auf die es ankommen wird. Sie wird den positiven Unterschied machen – aus Sicht aller Stakeholder eines Unternehmens. Besonders in Transformationen ist Ehrlichkeit unabdingbar, und fehlende Ehrlichkeit – so ist unsere Erfahrung – ist ein Grund für das Scheitern vieler Transformationsprozesse. Gleichwohl ist Ehrlichkeit nicht in jeder Situation die Ultima Ratio. Es gibt immer Situationen, in denen der Weg der Diskretion zielführender ist, doch gerade im Hinblick auf den Wandel sollte unser Pendel mehr in Richtung Ehrlichkeit ausschlagen.

# *Kapitel 2*
# Werte schaffen – der Zweck von Unternehmen

Seit Beginn der Neuzeit und der damit einhergehenden Entwicklung von industrieller Produktion haben Organisationen entscheidend zum Fortschritt und zum Wohlstand der Menschen beigetragen. Neben der landwirtschaftlichen Erzeugung entstanden unternehmerische Produktionsstätten, die das Leben und die Arbeit neu ordneten und strukturierten. Die Arbeitseffizienz wurde gesteigert, Ressourcen besser genutzt und Innovationen gefördert.

Heute sind Unternehmen ein wichtiger Bestandteil unserer modernen Gesellschaftsstruktur und tragen wesentlich zu unserem Wohlstand bei. Sie ermöglichen die Lösung komplexer Probleme und die Durchführung großer Projekte und Vorhaben. Ohne diese Organisationsstrukturen wäre unser heutiges Leben nicht so geordnet und effizient, wie wir es kennen.

Organisationen entstehen aber nicht zufällig. Sie sind zweckgebundene Systeme, die fundamental von Arbeitsteilung abhängig sind. Unternehmen entstehen, weil sie einen Mehrwert schaffen wollen, darin liegt der Hauptgrund für ihre Existenz. Dieser Mehrwert kann verschiedene Formen annehmen, wie zum Beispiel wirtschaftlicher Gewinn, sozialer Fortschritt, wachsendes Gemeinwohl oder die Befriedigung von Kundenbedürfnissen. Um diesen Mehrwert zu schaffen und effektiv zu nutzen, setzen Organisationen verschiedene Produktionsfaktoren wie Arbeitskraft, Betriebsmittel, Kapital und technologische Ressourcen ein. Das Leistungsversprechen von Unternehmen gegenüber ihren Kunden berücksichtigt die individuellen Bedürfnisse und Erwartungen der Kunden und bietet ihnen einen Nutzen, der sowohl wichtig als auch relevant ist. Ein solches Angebot zielt darauf ab, die Bedürfnisse und Probleme der Kunden zu befriedigen oder zu lösen, indem es genau die Lösungen und Vorteile bietet, nach denen diese suchen.

Um Werte zu generieren, brauchen Organisationen vor allen Dingen Menschen. Der Managementautor Reinhard K. Sprenger schreibt: »Das ist der Kern: Unternehmen sind um die Idee der Zusammenarbeit herum gebaut, sie sind auf Zusammenarbeit angelegt.«[1] Unternehmen bringen also Menschen zu einem oder mehreren Zwecken zusammen, weil sie einen Wert schaffen wollen. Sie wollen den Zweck gemeinsam so lange wie möglich aufrechterhalten.

Diese Zweckgebundenheit von Unternehmen gilt insbesondere auch für Change-Prozesse oder Unternehmenstransformationen. Eine Transformation in einem Unternehmen darf niemals Selbstzweck sein. Wir verändern Systeme nicht aus Spaß an der Sache, sondern weil wir sie weiterentwickeln und am Leben erhalten wollen – zumindest solange sie Werte schaffen. Der Sinn der Entwicklung soll auf ihre Lebens- und Zukunftsfähigkeit einzahlen.

Die Gründe für Transformationen können vielfältig sein: Neue Technologien, neue Formen von Dienstleistung, disruptive Treiber in der Branche, radikal veränderte Kundenerwartungen und vieles mehr greifen den Kern, den Zweck und somit das Businessmodell an. Alle diese Gründe sind Impulse, Signale, Inputs, um ein System in Bewegung zu bringen. All diese Auslöser treten jedoch nicht plötzlich auf und verschwinden dann wieder. Sie sind in unterschiedlicher Ausprägung immer da und bewirken, dass Organisationen sich in einem fortwährenden Wandel befinden und niemals in einem Idealzustand verharren. Selbst zu einer Zeit, als die Märkte und Umfelder von Organisationen noch nicht so dynamisch waren wie heute, konnten Organisationen niemals optimal funktionieren. Jeder, der in Organisationen arbeitet oder gearbeitet hat, kennt die fortwährenden Herausforderungen.

Wenn wir Mitglieder egal welcher Organisation fragen, wie die Dinge in ihrem Unternehmen laufen und wie das Unternehmen dasteht, erhalten wir immer Antworten wie:

- »Wir sind zu langsam, die Konkurrenz überholt uns.«
- »Der Vertrieb macht Stress und will ständig neue Produkte, ohne eine Ahnung zu haben, was das alles bedeutet.«
- »Die Produktion ist viel zu sehr auf Sicherheit bedacht. Wenn die liefern würden, könnten wir das Doppelte verkaufen.«

Wie die individuellen Herausforderungen eines Unternehmens auch gelagert sind, feststeht: Die Vorstellung von einer perfekten Organisation ist eine Illusion und entspringt im besten Fall einem Wunschdenken. Wir müssen uns davon verabschieden, ein Unternehmen als immer gut geölte Maschine zu betrachten, bei der alles wie am Schnürchen läuft. Diesen Idealzustand kann keine Organisation erreichen. Sie wird immer mit Unschärfen, Konflikten, Zielproblemen und unterschiedlichen Interessen leben müssen. Dies gilt es zunächst zu akzeptieren und kontinuierlich zu regulieren. Das bedeutet, dass man ständig am System arbeiten muss.

Nun wird zusätzlich zu den organisatorischen Herausforderungen auch die Umwelt, in der Unternehmen sich bewegen, immer dynamischer und komplexer und das Zusammenspiel und die Interdependenz zwischen beiden ist schwer zu durchschauen. Alles ist intransparenter, vielschichtiger und viel schneller geworden. Wie der Soziologe und Politikwissenschaftler Hartmut Rosa sagt: »Wir leben in einer Beschleunigungsfalle.«[2] Das zentrale Problem dabei ist, dass wir auf diese Beschleunigung beziehungsweise kontinuierliche Steigerung angewiesen sind. Allein um den Status quo zu erhalten, müssen Unternehmen wachsen und ihr Tempo beschleunigen.

Betrachtet man alle Aspekte, die auf moderne Unternehmen einwirken, zusammengenommen, wird schnell klar, dass Wandlungs- und Adaptionsfähigkeit der kritische Faktor schlechthin sind. Unternehmen müssen mit unterschiedlichen internen Interessen, Konflikten, Zielproblemen in einer unüberschaubaren, eigendynamischen und unvorhersehbaren Umwelt zurechtkommen. Sie müssen sich immer wieder optimieren und neu erfinden, damit sie überleben können. Sie müssen in der Lage sein, mit Komplexität, Wandel, Unvorhersehbarkeit, Multiperspektivität, Konflikten, Mehrdeutigkeit und Ambiguität umzugehen. Wandel, Change oder Transformation dürfen nicht als isoliertes Projekt gesehen werden. Damit bekämpfen wir nur Symptome. Moderne Organisationen müssen vielmehr darauf ausgerichtet sein, sich kontinuierlich zu verändern beziehungsweise zu entwickeln.

Immer mehr Menschen in Organisationen fühlen sich heute oft an ihren Grenzen und sind kaum noch in der Lage, flexibel auf Veränderungen zu reagieren. Sie haben das Gefühl, den Anforderungen nicht mehr gewachsen zu sein. Dies betrifft nicht nur den Einzelnen, sondern die gesamte Organisation befindet sich in einem Hamsterrad. In solchen Situationen liegt die Lösung nicht in einzelnen Ansätzen wie Stressbewältigung oder Zeitmanagement, sondern erfordert eine ganzheitliche Betrachtung des Systems.[3]

Bei allen Überlegungen sollte allerdings der Hauptgrund für die Existenz von Organisationen im Mittelpunkt stehen: die Schaffung von Mehrwert.

### Beispiel

Als Hans das Unternehmen in der Druckbranche als CEO übernahm, war das Unternehmen nicht mehr rentabel – und das seit vielen Jahren. Die Prozesse und Strukturen, vor allem die IT-Struktur, waren auf das Ursprungsgeschäft von selbst designten Druckartikeln ausgerichtet, die das Unternehmen auf Lager hatte und individuell für kleine Unternehmen in kleinen Mengen veredelte. Im Laufe der Jahre hatte sich der Markt jedoch fast unbemerkt und lautlos verändert. Die Kundenbedürfnisse änderten sich, die Kunden wollten beispielsweise auch Basic-Artikel, nicht nur selbst designte, und sie wollten ebenfalls Markenprodukte einkaufen. Zudem gab es immer wieder größere Kunden, die ganz andere Bedürfnisse hatten als kleine Unternehmen. Auch die Kundenansprache hatte sich seit den letzten 20 Jahren nicht geändert, die Verkaufsberater konnten mit größeren Kunden gar nicht sprechen, weil sie ausschließlich Handwerker und andere Kleinunternehmen in ihrem Kundenstamm hatten.

Zwar wurden alle Bereiche der Wertschöpfungskette im Laufe der Jahre immer wieder ergänzt, immer wieder wurden neue Anforderungen des einen oder anderen Vorgängers von Hans umgesetzt. Das Ergebnis jedoch war ein viel zu komplexes System, fehlende Schnelligkeit und Agilität. Insgesamt herrschte im Unternehmen ein großes Durcheinander, das sich nur schwer beschreiben ließ. Jeder einzelne komplizierte Prozess hatte seine Berechtigung, aber das große Ganze war nicht sichtbar.

Die Mitarbeitenden waren überfordert und genervt. Die IT-Struktur verstand kaum noch jemand. Das Unternehmen war wie beschwert, jede zusätzliche Anforderung ließ die Menschen fast implodieren. Die Kosten der komplexen Prozesse und Strukturen waren hoch und intransparent, was ein Grund für die mangelnde Profitabilität des Unternehmens war. Man hörte oft aus der Mitarbeiterschaft: »Das geht nicht, wir haben schon genug Chaos, das haben wir nie so gemacht und können es auch nicht.«

Hans erkannte, dass das Betriebsmodell auf den Modellen der Vergangenheit basierte, es wurde immer wieder ergänzt, bis es seine Klarheit und Verständlichkeit verloren hatte und zum lähmenden Faktor des gesamten Unternehmens wurde. Innovationen und Anpassungen an veränderte Bedingungen waren innerhalb dieses Systems nicht mehr möglich. Hans war erschrocken, als ihm klar wurde, dass das gesamte Unternehmen auf den Kopf gestellt werden musste. Eine echte Transformation musste her, ein echter Wandel. Das System zu reparieren, war eindeutig nicht genug.

## 2.1 Entwicklung eines Target Operating Models (TOM)

Wenn wir in Transformationsprozessen einerseits den Unternehmenszweck in den Mittelpunkt stellen, andererseits die Gesamtheit der Unternehmensdimensionen wie Prozesse, Mitarbeiterinnen und Mitarbeiter, Technologien, Infrastruktur einbeziehen wollen, brauchen wir ein umfassendes Modell, das diese Verbindung herstellt und die künftigen Optimierungsstrategien an alle Interessengruppen vermitteln kann. Das Target Operation Model (TOM), also das Zielbetriebsmodell, kann diesen Anspruch erfüllen und dient der abstrakten, aber auch visuellen Darstellung dessen, was ein Unternehmen seinen Kunden und seinem Umfeld an Wert liefert. Durch eine bewusste Gestaltung des Target Operating Models werden Prozesse verbessert, Kosten gespart, die Kundenerfahrung optimiert, also insgesamt die Wettbewerbsfähigkeit verbessert.

Wenn das Betriebsmodell (wie im Beispiel von Hans) nicht mehr funktioniert, wenn eine Transformation nötig ist, dann muss dieses Betriebsmodell für das profitable Bestehen des Unternehmens erneuert werden. Ein TOM umzusetzen, ist oftmals wie eine Operation am offenen Herzen, da die Betrachtung immer ganzheitlich ist und alle Bereiche und Menschen im Unternehmen Teil dieses Wandels sind. Außerdem passieren diese Veränderungen im laufenden Betrieb, das heißt der Wandel geschieht parallel zu den operativen Aufgaben eines jeden, was es nicht einfacher macht. Auch deshalb werden für Transformationen oft Beratungsgesellschaften engagiert, die das TOM mithilfe des Managements definieren und Guidelines für die Umsetzung geben.

Unternehmen, die gut und flexibel auf Veränderungen reagieren können, haben in der Regel ein funktionierendes Target Operating Model, das gut anpassbar ist, ohne das ganze System zu sprengen, und in dem strukturelle Änderungen leicht auf alle Bereiche des Unternehmens übertragbar sind. So kann sich das Unternehmen flexibel auf Veränderungen einstellen, interne Konflikte minimieren und eine starke Identität nach innen und nach außen aufbauen. Ein ausbalanciertes Target Operating Model erhöht die Resilienz von Unternehmen signifikant.

Die unterschiedlichen Ansätze von TOM, die in der Literatur und Praxis zu beobachten sind, ähneln sich. Sie sind immer holistisch, betrachten also das gesamte Unternehmen in all seinen Dimensionen, und gehen immer tief in alle Prozesse und Bereiche eines Unternehmens hinein. Ein detailliertes Verständnis der Aktivitäten eines Unternehmens ist nötig, um dessen Status und Missstände zu erfassen und wirkliche Veränderungen umsetzen zu können. So weit die Theorie.

In der Praxis sind dennoch zahlreiche Transformationen mittels TOM nicht erfolgreich. Unserer Erfahrung nach liegt das wesentlich daran, dass die Menschen in den Unternehmen bei den Prozessen nicht mitgenommen werden und deshalb ihr Handeln nicht verändern. In anderen Fällen wird eine Veränderung des Target Operating Models nur in Teilbereichen des Unternehmens umgesetzt, was für das Unternehmen weder von Erfolg gekrönt ist noch die Akzeptanz der Beteiligten erfährt. Der häufigste Grund für ein Scheitern der Arbeit mit TOM ist unserer Erfahrung nach jedoch die fehlende Beharrlichkeit. Veränderungen eines Betriebsmodells brauchen Zeit und gehen oftmals mit Rückschlägen und Zweifeln einher. In vielen Unternehmen verlassen die verantwortlichen CEOs das Unternehmen nach zu kurzer Zeit, weil sie die kaufmännischen Ziele nicht erreichen. Wandel umzusetzen und dadurch Wert zu schaffen, ist aber ein Marathon, kein Kurz- oder Mittelstreckenlauf.

Bei der Erstellung eines TOMs durchläuft die Organisation klare Prozesse, an deren Ende das Zielbild steht. Dieses definiert, was in welcher Zeit, Qualität und in welchem Kostenrahmen geleistet werden soll, mit welchen organisatorischen Ordnungen und technischen Unterstützungen. Dieses Gerüst muss in sich konsistent sein: von der Vision/Mission/den Werten über die Ziele und die Strategie, diese zu erreichen, zum Kooperationsmodell und der Führung. Alles muss in Einklang sein und sich gegenseitig unterstützen. Und, *last but not least*, muss der Sinn der gemeinsamen Arbeit allen Beteiligten unmissverständlich klar sein.

Ein wichtiger Aspekt dieser Arbeit ist die Wahrnehmung der Kohärenz des TOMs, die eine regelmäßige und klare Kommunikation erfordert. Diese Kohärenz ist immer nur so gut wie deren eindeutige Wahrnehmung durch Kommunikation und vor allem durch Vorleben. In vielen Transformationsprozessen unter Nutzung von neu definierten Target Operating Models ist diese Kohärenz nicht gegeben. Wenn zum Beispiel die Vision fehlt oder diese mit der Strategie kaum etwas zu tun hat, wenn die Aktivitäten jedes Einzelnen nicht auf die Ziele und Strategien des Unternehmens zurückzuführen sind, dann ist das nach innen (Mitarbeitende) und nach außen (Kunden, Öffentlichkeit, Banken et cetera) spürbar. Nach unseren Erfahrungen gibt es in vielen Unternehmen kein klares Gerüst für den Einsatz von TOM. Oft fehlen einzelne Elemente der Kette, sodass das Modell löchrig ist und nicht effektiv sein kann, sehr häufig hapert es aber auch an einer guten Kommunikationskultur und engagiertem Vorleben.

Die Kernfragen bei der Erstellung eines TOMs:

- Wer möchten wir sein? (Vision/Mission)
- Welche Werte tragen uns? (Unternehmenswerte)
- Was ist unsere Value Proposition? (VP)
- Wer ist unser Kunde?
- Was genau bieten wir wem an? (Angebotspalette)
- Was sind die Kernprozesse dafür? (Prozesssicherheit)

- Welche Leistungsbausteine werden von wem erfüllt? (intern/extern)
- Welche Organisationsstruktur benötigen wir dafür? (Struktur/Kompetenzen)
- Welche IT-Struktur bildet das Obige ab? (IT-Strategie)
- Welche Spielregeln gibt es? (Kommunikation, Kooperation, Corporate Governance)?

## Beispiel

Während der ersten beiden Jahre in seiner neuen Position als CEO hatte Hans die überfällige Transformation des Unternehmens mit der Entwicklung eines TOMs eingeleitet. So sollten die strategischen Absichten und die operative Umsetzung zur Erreichung der übergeordneten Ziele aufeinander abgestimmt werden. Das TOM bestand aus vier Schritten, die systematisch aufeinander aufbauten:

1. **Die Erarbeitung von Vision/Mission/Werten:** In vielen Unternehmen werden eine Vision und/oder Mission und ein Wertekanon erstellt, weil es trendy scheint, dies zu tun. So schnell sie erstellt sind, so schnell verschwinden sie oftmals anschließend in einer Schublade, ohne je wieder Beachtung zu bekommen. Hans dagegen glaubt an die Kraft von Vision/Mission/Werten und hat es anders gemacht. Er bildete sie auf einem großen Bildschirm in der Empfangshalle seines Unternehmens ab, sodass sie für Mitarbeitende und Besucher immer sichtbar waren. Sie sollten Leitfaden und Grundlage für alles sein, was er und seine Teams tun, Richtschnur für alle Entscheidungen, die täglich getroffen werden mussten.

   Vision/Mission/Werte sind die Antwort auf das Warum und Wie eines Unternehmens: Warum tun wir die Dinge, und wie tun wir sie? So entsteht ein Bild, das eine enorme Kraft hat und das alle Beteiligten motiviert, täglich ihr Bestes zu geben. Nicht selten hilft das Zielbild dabei, auftretende Probleme und Hindernisse aus dem Weg zu räumen, was in einer Transformation täglich passiert. Der Blick auf das große Bild bewirkt, dass man sich von kurzfristigen Störfeldern nicht entmutigen lässt.

Wichtig bei diesem Schritt war Hans, dass die definierten Werte in seinem Unternehmen operationalisiert werden. Bei jedem Wert sollte von allen klar verstanden werden, was er in der Umsetzung konkret bedeutet. Das war ein differenzierter Prozess, der darin resultierte, dass alle Beteiligten sich neu mit dem Unternehmen identifizieren konnten und basierend auf den definierten Werten einen klaren Handlungsrahmen hatten.

Das allein reichte jedoch nicht. Auf Basis dieser Arbeit bestand der nächste Schritt darin, eine klare Fünf-Jahres-Strategie zu entwickeln, die zur Umsetzung von Vision/Mission/Werten führen sollte.

2. **Eine saubere Strategie – ein neues Businessmodell:** Jede Vision muss durch eine klare Strategie erreichbar gemacht werden. Dabei werden die wichtigsten Hebel zur Zielerreichung in der Wertschöpfungskette definiert und durch gezielte Maßnahmen in die Umsetzung gebracht. Eine saubere Strategie definiert zum einen, was gemacht werden soll, zum anderen, was nicht mehr gemacht werden darf. Dieser strategische Fokus ist ein wichtiges Erfolgsmerkmal, denn Verzettelung passiert gerade in Transformationen häufig.

   Hans hat eine klare Produkt- und Vertriebsstrategie mit seinem Team ausgearbeitet. Diese Strategie hat das Arbeiten und die Prozesse sehr verändert und hat in allen Bereichen der Wertschöpfungskette Veränderungen gebracht.

   Nach der Ausarbeitung von Vision/Mission/Werten und der neuen Strategie des Unternehmens hatte Hans dies in allen Vertriebsregionen und Ländergesellschaften präsentiert. Da seine Roadshow von allen Beteiligten mit großer Zustimmung aufgenommen worden war, war sich Hans sicher, dass dies der Durchbruch war. Bei so vielen positiven Reaktionen konnte es gar nicht anders sein. Welch ein Irrtum. Denn von einem neuen Zukunftsbild begeistert zu sein, ist das eine, an den Veränderungen teilzunehmen und sie umzusetzen, das andere. Bald darauf kamen besonders die älteren Vertriebsmitarbeiter auf ihn zu. »Großartig, Ihre Idee der Zukunft. Aber ich bin nicht dabei. Ich bin vor 30 Jahren für den Vertrieb von Werbegeschenken eingestellt worden und daran werde ich in den letzten zehn Jahren meines Arbeitslebens auch nichts mehr ändern.«

Mit viel Kommunikation, zahlreichen Schulungen und einer großen Portion Geduld und Zeit hatte Hans es dennoch hinbekommen, dass letztlich alle Mitarbeitenden die Transformation aktiv mittrugen. Ein wichtiges Element dafür war die Veränderung des Kooperationsmodells.

3. **Das Kooperationsmodell:** Das Kooperationsmodell definiert die Gesamtheit der Rahmenbedingungen, die es in einem Unternehmen gibt. Häufig wird in Transformationen die Anpassung dieser Rahmenbedingungen unterschätzt. Es lohnt sich nach unseren Erfahrungen, den Rahmenbedingungen gerade in Transformationen einen großen Raum zu geben, auch in Diskussion und Abstimmung mit Mitarbeitenden.

   In Hans' Unternehmen wurde zu Beginn seiner Zeit als neuer CEO vieles gemacht, »weil es immer so war«. Das kennen viele Unternehmen, insbesondere Familienunternehmen. Strukturen, Prozesse, Führung, Kommunikation, Kooperation oder der IT-Rahmen bieten das sichere Gerüst, das Mitarbeitende in Zeiten der Veränderungen suchen. Veränderungen im Handeln ergeben sich allerdings nur dann, wenn auch die Rahmenbedingungen angepasst werden. In Hans' Unternehmen waren diese Veränderungen umfangreich und zeitaufwendig. Die Strategieveränderung brachte für jede Person und jeden Prozess Neues mit sich. Die Prozesse mussten neu definiert und gelernt werden. Schulungen waren dabei eine wichtige Größe. Zudem hatte Hans ein neues KPI-System (Key Performance Indicators) entwickelt, das anhand von fünf Kennzahlen den Fortschritt der Transformation messen konnte. Die Entwicklung dieser Kennzahlen kommunizierte er regelmäßig im gesamten Unternehmen. Hierarchieebenen baute er schnell ab. Das wurde von den Teams gut aufgenommen und machte die Vertriebsführung deutlich transparenter, effektiver und kostengünstiger. Um die Ziele insgesamt und pro Abteilung transparenter zu machen und deren Einhaltung zu tracken, nutzte er Methoden wie Objectives Key Results (OKR). Auch andere agile Arbeitsmethoden, wie zum Beispiel horizontale Teams, führte er ein und konnte damit vielen Mitarbeitenden neue Perspektiven aufzeigen. Das war ein echter Mehrwert.

Ein weiterer Gamechanger war die Einführung neuer Arbeitszeitmodelle. Die Mitarbeitenden erhielten die Möglichkeit, ihre Arbeitszeit räumlich und zeitlich recht flexibel einzuteilen, was die Zufriedenheit der Mitarbeitenden deutlich steigerte.

All dies sind einige der Veränderungen, die Hans sukzessive umgesetzt hat. Während manche Neuerungen fix waren (zum Beispiel Prozesse, Organisationsstrukturen und IT-Strukturen), konnten andere (zum Beispiel Arbeitszeitmodelle, räumliche Konzepte, horizontale Teams) einfach ausprobiert werden. Wo immer es möglich war, testete Hans neue Ideen in kleinen Gruppen oder speziellen Regionen so flexibel wie möglich. Was lief, wurde international umgesetzt, was nicht, wurde neu und anders getestet. Dabei war eine offene Kommunikation unerlässlich.

4. **Verbundene und individuelle Führung:** Hans war von jeher überzeugt, dass eine Führung mit der Brechstange nicht erfolgreich sein würde. Ihm ging es vielmehr darum, die Menschen in seinem Unternehmen ins Boot zu holen, auf Augenhöhe miteinander zu agieren und Raum für Verletzbarkeit und Fehler zu haben. Führungstrainings mit internen und externen Trainern wurden angeboten. Das war ein längerer Prozess, denn die eine oder andere Führungskraft fühlte sich mit dem Dominanz- und Unterordnungsprinzip der Vergangenheit sehr wohl. In Folge gab es viele Trennungen, denn Führungskräfte, die eine kritische Kultur multiplizieren, sind in der Startzeit der Transformation sehr gefährlich für deren Erfolg. Insgesamt hat Hans lange bestehende Führungsteams neu gemischt, sodass Teams, die nicht transformierbar schienen, sich aufgelöst und neu formiert haben. So konnte sich bei den Führungskräften ein neuer und frischer Blick auf die Mitarbeitenden entwickeln.

   Es gibt unterschiedliche Gruppen in Transformationen (siehe Kapitel »Mobilisieren«). Jede Gruppe braucht eine andere Ansprache, ist anders zu motivieren. Der Führungsstil in Hans' Unternehmen änderte sich schnell.

   Ein Coach unterstützte die Führungskräfte, in ihre neue Rolle hineinzuwachsen. Vor allem war der Aufbau von Vertrauen wichtig. Die Führungskräfte lernten, offene Gespräche zu führen, ihre Mitarbeitenden kennen zu lernen, ihren Sehnsüchten und auch ihren Ängsten Raum zu geben. So lernten die Führungskräfte auch, wie sie ihre Mitarbeiterinnen und Mitarbeiter für Veränderungen motivieren konnten.

Ebenfalls neu war die Einführung einer neuen Meetingkultur, zum Beispiel regelmäßige Stärkengespräche.

Nach einigen Jahren war in Hans' Unternehmen der größte Teil der Transformation umgesetzt. Das Unternehmen war wieder profitabel, die Fluktuation gering und in Befragungen gaben die Mitarbeitenden sehr gute Feedbacks. Einige Personen wurden durch die neue Art der Führung gut aufgefangen und konnten sich weiterhin mit dem Unternehmen identifizieren. Bei anderen hatte Hans ganz neue Stärken entdeckt, sodass sie schließlich zu Leuchttürmen seiner Transformation wurden. Das brauchte Zeit und viel Aufmerksamkeit in der gesamten Führung.

Ein klares und durchgängiges Betriebsmodell ist der zentrale Faktor für den nachhaltigen Erfolg von Unternehmen. Es ist somit immer auf einen längeren Zeitraum ausgerichtet, auch wenn es kontinuierlich angepasst werden muss.

## 2.2 Essentials für nachhaltigen Erfolg

Wir möchten im Folgenden zwei Fähigkeiten von Unternehmen herausstellen, die in Transformationen wirksam und nötig sind.

### Identität sichtbar machen

Die Identität eines Unternehmens ist das, was es in seinem Wesenskern ausmacht und von Mitbewerbern unterscheidet. Der Begriff »Identität« kommt aus dem Lateinischen (*identitas*) und bedeutet »Wesenseinheit«. Um als Unternehmen nachhaltig wahrgenommen zu werden, müssen wir uns einerseits also von unseren Mitbewerbern unterscheiden, indem wir unser Kundennutzenversprechen wiederholt unter Beweis stellen. Unsere Identität ist unser »wiederholtes Sein«[4]. Wenn ein Unternehmen nicht in der Lage ist, seine Wertversprechen konsequent einzulösen, wird es schwierig, eine Identität aufzubauen, die für Kunden sichtbar ist. Gute Geschäftsmodelle stellen sicher, dass sich eine Organisation klar von ihren Mitbewerbern und anderen Marktteilnehmenden abgrenzt und sie ihren Markenkern stets bewahrt.

Das Differenzierende in der Identität muss nach innen und außen Grundlage für das Tun und die gesamte Kommunikation sein. Jeder Stakeholder sollte die Vision/Mission/die Werte verstehen und leben. Die Führung muss dies jeden Tag entschieden vorleben. Identität muss sichtbar gemacht und vorgelebt werden, dann kann sie Sicherheit geben und die Menschen und das Unternehmen resilient machen.

Narrative spielen dabei eine zentrale Rolle, weil sie eine Identität mit Gefühl, mit Energie und mit Leben füllen. Ein erfolgreiches Geschäftsmodell schafft nicht nur eine Markenidentität, sondern erzählt auch eine kohärente, überzeugende und umsetzbare Geschichte, um das Markenimage zu stärken. Die Hauptaufgabe dieser Erzählung besteht darin, das Modell vom Konzept in die Realität zu überführen und es greifbar zu machen. Das Narrativ muss wirtschaftlich tragfähig sein und die Menschen in ihrem Umfeld zum Mitmachen anregen.

## Zukunftsfähigkeit

Die Zukunftsfähigkeit oder Nachhaltigkeit eines Unternehmens betrifft nicht nur ökologische und soziale Kriterien, sondern auch wirtschaftliche. Nur ein Unternehmen, das wirtschaftlich erfolgreich und profitabel ist, kann eine stetige Weiterentwicklung des Unternehmens gewährleisten. Oft sind wirtschaftliche Ziele jedoch so dominant, dass diese im Widerspruch zu ökologischen und sozialen Zielen stehen. Das ist ein Dilemma, was schwer lösbar ist, gerade in börsennotierten Unternehmen. Dennoch gibt es unserer Meinung nach langfristig gesehen keine andere Option für Unternehmen, als wirtschaftliche, ökologische und soziale Aspekte zu integrieren.

## 2.3 Stakeholder einbeziehen und Rahmenbedingungen schaffen

Wir haben es heute mit in dichter Folge wechselnden Herausforderungen zu tun, die auch vor Gleichzeitigkeit nicht zurückschrecken. Das bedeutet, dass wir darüber nachdenken müssen, wie wir Organisationen aufbauen, entwickeln und führen können, die in der Lage sind, mit diesem unglaublichen Tempo und der Unbeständigkeit Schritt zu halten. Es geht darum, Arbeitswelten zu schaffen, in denen Menschen und Organisationen nicht das Gefühl haben, in einem Hamsterrad gefangen zu sein, in dem sie dem Neuen stets hinterherlaufen. Wichtig ist, flexibel und anpassungsfähig zu bleiben, um den sich ständig ändernden Anforderungen und Herausforderungen erfolgreich begegnen zu können. Dadurch können wir sicherstellen, dass unsere Organisationen in einer immer komplexeren und dynamischeren Welt nicht nur überleben, sondern auch neue Werte schaffen.

Es geht darum, in Unternehmen eine Kultur der kontinuierlichen Verbesserung und Innovation zu etablieren, in der Einzelne und Teams ihr volles Potenzial entfalten können, ohne auszubrennen. Deshalb müssen wir wertschöpfende Organisationen aufbauen, in denen die Menschen in der Lage sind, auch nach außen Werte zu schaffen. Es ist wichtig, dass wir uns bewusst sind, wie sich die Arbeitswelt verändert hat und wie sie sich weiterentwickeln wird. Die Steigerungslogik der modernen Gesellschaften und neue Technologien verändern ständig die Anforderungen an Organisationen und ihre Mitarbeitenden. Wir brauchen die kontinuierliche Anpassung und Innovation, damit unsere Organisationen in einem sich ständig verändernden Umfeld erfolgreich bestehen können. Wir müssen daher eine Kultur schaffen, die Kreativität und Flexibilität fördert und es den Menschen ermöglicht, ihr volles Potenzial zu entfalten. So werden wir den aktuellen Herausforderungen gewachsen sein und auch zukünftigen Entwicklungen proaktiv begegnen können.

Die Lösungen und Ansätze, die sich hierfür anbieten, sind vielfältig und mehrdimensional. Auf jene Aspekte und innovativen Konzepte, die unserer Erfahrung nach relevant und inspirierend sind, um alle Stakeholder ins Boot zu holen, möchten wir im Folgenden eingehen.

## Ganzheitlicher New-Work-Ansatz

Organisationen stehen vor vielfältigen Herausforderungen in Bezug auf ihre Mitarbeitenden, wie zum Beispiel Fachkräftemangel, Überlastung, Entfremdung, demografischer Wandel und KI-Revolution. Es besteht die reale Möglichkeit, dass der Mensch in Zukunft zum Engpass für Produktivität und Wettbewerbsfähigkeit wird. Für diese spezifischen Herausforderungen reicht es nicht aus, nach individuellen Lösungen wie Stress- oder Zeitmanagement zu suchen. Vielmehr müssen wir an den Systemparadigmen ansetzen.

Das Konzept der Neuen Arbeit folgt diesem Grundgedanken. Es beschränkt sich nicht auf neue Methoden und Tools, sondern fordert uns auf, die Art und Weise, wie wir arbeiten, grundlegend zu überdenken. Die Frage, die es zu beantworten gilt, lautet: Wie können wir gesunde Mitarbeitende in gesunden Organisationen fördern? Wie können wir Wege finden, die sicherstellen, dass Menschen in dieser schnelllebigen Zeit nicht ausbrennen?

Bei New Work geht es darum, Arbeit so zu gestalten, dass sie die arbeitenden Menschen nicht schwächt, sondern stärkt. Der Fokus liegt darauf zu erkennen, wo die individuellen Stärken und Schwächen der Menschen liegen und Rahmenbedingungen zu schaffen, die es jeder Mitarbeiterin und jedem Mitarbeiter ermöglichen ihr oder sein volles Potenzial für die Organisation zu entfalten.

Eine der wichtigsten Veränderungen, die der New-Work-Ansatz vorschlägt, betrifft die Flexibilität von Arbeitszeit und Arbeitsort. Ziel ist es, dass Mitarbeitende die sich ständig ändernden Anforderungen von Arbeit in ihr Leben integrieren können, ohne dass die Unternehmen darunter leiden.

Unserer Meinung nach ebenfalls wichtig ist die Frage, wie wir eine Kultur der psychologischen Sicherheit schaffen können, in der jeder Einzelne die Gewissheit hat, dass seine Meinung gehört und respektiert wird, unabhängig von Hierarchien und Positionen. Jede und jeder sollte sich sicher fühlen, seine Meinung frei zu äußern, Ideen auszutauschen, Fragen zu stellen und Fehler zuzugeben, ohne Angst vor negativen Konsequenzen oder Abwertung haben zu müssen.

## Kooperationsfähigkeit

Der Umgang mit komplexen Herausforderungen erfordert Vielfalt und Kooperation: eine Vielzahl von Perspektiven, Meinungen, Modellen, Ideen und Experimenten. Bereits 1948 formulierte der britische Kybernetiker W. Ross Ashby das Gesetz der notwendigen Vielfalt (Law of Requisite Variety), das besagt, dass die Komplexität einer Problemsituation nur bewältigt werden kann, wenn das System selbst eine vergleichbare Vielfalt aufweist.[5] Wenn beispielsweise ein Fußballtrainer und seine Mannschaft in der Lage sind, vier verschiedene Spielsysteme zu beherrschen, muss die gegnerische Mannschaft diese kennen und umsetzen können, um mithalten zu können.

Jahrelang wurde in der Wirtschaft die unvollständige und vielversprechende Erzählung vom Wettbewerb als stärkstem Motor des Fortschritts gepflegt. Aber das ist nur die halbe Wahrheit. Wettbewerb fördert zwar die Spezialisierung, aber für das reibungslose Funktionieren des Gesamtsystems ist eine gute Kooperation zwischen den Teilsystemen unerlässlich.

Eine gesunde Kooperationskultur braucht neue Räume: Begegnungsräume, Möglichkeitsräume, Resonanzräume, Reflexionsräume, Diskursräume und Denkräume. Neben den üblichen Arbeitsplätzen im Büro oder zu Hause brauchen wir Orte der Begegnung, des Austauschs und des Experimentierens. Räume werden zu einem wesentlichen Werkzeug für die Wissensarbeiter der Zukunft.

Eine gesunde Kooperationskultur erfordert sowohl klare und effiziente Kommunikation als auch regelmäßiges Feedback. Insgesamt ist Kooperation in Zeiten der Komplexität unerlässlich, um Lösungen zu entwickeln und Herausforderungen zu meistern. Durch den Austausch von Wissen, Ideen und Ressourcen können wir Synergien schaffen und gemeinsam bessere Lösungen finden. Kooperation fördert Vertrauen und Zugehörigkeit und ermöglicht es uns, mit der Komplexität unserer Welt angemessen umzugehen. In einer Zeit, in der die Probleme unserer Welt immer komplexer werden, ist Zusammenarbeit der Schlüssel zum Erfolg.

## Umgang mit Komplexität

Die Komplexität dieser Welt übersteigt mehr und mehr die traditionellen Denkweisen und Lösungsansätze, die wir bisher in Organisationen verwendet haben. Wir können uns nicht mehr allein auf bekannte Paradigmen, Fachwissen und bewährte Lösungen verlassen. Es ist von entscheidender Bedeutung, nicht nur ein Verständnis für die Eigenschaften von Komplexität zu entwickeln, sondern auch zu erkennen, mit welcher Art von System wir es zu tun haben, und unsere Herangehensweise und Lösungsstrategien entsprechend anzupassen. Diese Kompetenz sollte von allen in der Organisation gelernt und verstanden werden. Komplexität zu verstehen bedeutet, das Gesamtsystem im Auge zu behalten, Vielfalt zuzulassen und zu erkennen, dass Vereinfachung nicht immer zum Erfolg führt, sondern manchmal sogar das Gegenteil bewirken kann. Es bedeutet, das System zu beobachten und auf zirkuläre Wechselwirkungen zu achten, Verhaltensmuster zu erkennen und Vernetzungen zu verstehen. Es ist wichtig, Ruhe und Geduld zu bewahren, wenn es turbulent wird. Es ist wichtig zu erkennen, dass eine einseitige Polarisierung nicht angemessen ist und dass eine Analyse durch einen Experten allein nicht ausreicht. Es ist notwendig, eine Situation oder ein System aus verschiedenen Blickwinkeln zu betrachten. Dieses Denken muss neben den traditionellen Denkweisen erlernt werden, und es ist wichtig zu verstehen, dass wir nur mit neuen Denkweisen in der Lage sein werden, den Herausforderungen der Systeme zu begegnen.

## Generative Kompetenz

Der Begriff »generative Kompetenz« bezieht sich auf die Fähigkeit einer Organisation, immer neugierig zu sein, gemeinsam nach Neuem zu suchen und es zu gestalten. Dabei wird eine Kultur der Kreativität, Innovation und Lösungsorientierung gepflegt. Es geht nicht nur darum, bestehende Probleme zu lösen oder darauf zu reagieren, sondern sich auch an neue Situationen anzupassen und innovative Lösungen zu finden. Die Menschen sollen aktiv zur Gestaltung der Zukunft beitragen.

## Resonanzfähigkeit

Resonanzfähigkeit bezeichnet die Fähigkeit eines Systems, auf äußere Reize und Einflüsse sensibel zu reagieren. Nur wer in der Lage ist, unsichtbare und subtile Schwingungen und Signale wahrzunehmen, wird Beobachtungen machen, die zu wirklichen Veränderungen führen. Das bedeutet, dass wir als Organisation in der Lage sein müssen, wesentliche Themen von außen aufzuspüren, Signale von Kunden und Märkten zu erkennen und angemessen darauf zu reagieren. Resonanzfähigkeit ist für Organisationen in einer sich schnell verändernden Welt von entscheidender Bedeutung, da sie es ihnen ermöglicht, auf Herausforderungen zu reagieren, Chancen zu nutzen und einen positiven Einfluss auf ihr Umfeld auszuüben.

## Conscious Business

Conscious Business, also bewusstes Wirtschaften, ist eine Philosophie, die auf den Prinzipien des Bewusstseins und der Achtsamkeit basiert. Ihr Ziel ist es, Unternehmen zu gründen und zu führen, die sich der Achtsamkeit gegenüber allen Stakeholdern verschrieben haben. Fred Kofman hat 2006 in seinem Buch *Conscious Business – How to Build Value Through Values* den Grundstein für diese Bewegung gelegt.[6]

In einem achtsamen Unternehmen wird eine Unternehmenskultur gepflegt, die auf Werten wie Kooperation, Integrität, Transparenz und Nachhaltigkeit beruht. Es geht um verantwortungsvolles Handeln und die Wachsamkeit der Mitarbeitenden, Signale zu erkennen und angemessen zu handeln.

Ein weiterer wichtiger Aspekt von Conscious Business ist die Schaffung langfristiger und nachhaltiger Geschäftsmodelle. Dabei geht es auch um langfristigen Erfolg durch das Eingehen auf Kundenbedürfnisse und die Entwicklung innovativer Lösungen. Dies erfordert die Fähigkeit, Trends zu erkennen und sich an neue Marktbedingungen anzupassen.

Das Konzept des Conscious Business fordert von uns, uns unsere Wahrnehmungen, Bewertungen, Gefühle und automatischen Handlungen bewusstzumachen und zu verfeinern. Dadurch erlangen wir ein höheres Bewusstsein, das es uns ermöglicht, auf eine größere Bandbreite an handlungsrelevanten Informationen zuzugreifen. Dies befähigt uns, reflektierter und flexibler zu agieren und gleichzeitig unser Wohlbefinden und unsere Leistungsfähigkeit zu verbessern.

Das Konzept des bewussten Wirtschaftens zielt darauf ab, eine ganzheitliche Sichtweise des Geschäftslebens zu fördern, bei der alle Interessengruppen, einschließlich der Mitarbeitenden, Kunden, Lieferanten, Gemeinden und der Umwelt, berücksichtigt werden und gewinnen.

# *Kapitel 3*
# Mobilisieren – Menschen inspirieren, sich einer Bewegung anzuschließen

»So kann das doch nicht weitergehen. Wenn sich hier nicht bald mal was ändert, wird der ganze Laden den Bach runtergehen.« Vielleicht kennen Sie solche Äußerungen von Mitarbeitenden und haben Sie selbst schon einmal mehr oder minder unbeabsichtigt in der Teeküche oder als Flurfunk mitgehört. In den meisten Organisationen tauchen solche Aussagen früher oder später auf. Vielleicht beginnt es mit vertraulichen Gesprächen hinter den Kulissen und entwickelt sich zu öffentlichen Unmutsäußerungen in einer Mitarbeiterveranstaltung. Mit solchen Aussagen geben die Menschen zu erkennen, dass die Lebens- und Zukunftsfähigkeit ihres Systems mittel- und langfristig gefährdet ist. Manchmal sieht man dies bereits an den Zahlen, oft kündigt sich die Notwendigkeit von Veränderungen jedoch viel früher an – durch kleine Pulsschläge in Form von Unzufriedenheit, wie in dem Zitat oben.

In den meisten Fällen wird sich Transformation nicht als Paukenschlag vollziehen, nicht in einem radikalen, großen, vorhersehbaren und einmaligen Ereignis kulminieren, sondern aus kleinen pulsierenden Bewegungen entstehen. Die Saat der Veränderung wird durch unzählige kleine Entscheidungen gelegt, und nach jeder Entscheidung beginnt eine Reise. Historisch gesehen haben Menschen immer dann den Weg der Transformation eingeschlagen, wenn die Unzufriedenheit mit dem Status quo eine grundlegende Veränderung erforderte und kleine Gruppen die Initiative übernommen und Engagement gezeigt haben. Denken wir an die Bürgerrechtsbewegungen, die Sozialreformen, die Frauenrechtsbewegungen oder die Umweltaktivitäten – sie alle sind Beispiele dafür. Wir alle kennen die Geschichte von Greta Thunberg und ihrer Freitagsdemo, die innerhalb kürzester Zeit von einer einzelnen Person initiiert zu einer weltweiten Bewegung heranwuchs. Eine ähnliche Funktion hatte Emmeline Pankhurst für die Frauenbewegung des beginnenden 20. Jahrhunderts, die zwar zunächst verunglimpft wurde und ihr Ziel – die Einführung des Frauenwahlrechts – nicht erreichte, aber einen wichtigen Anstoß lieferte. Letztlich jedoch wurde ihre Beharrlichkeit und der Kampf der Suffragetten belohnt und in verschiedenen Ländern der Welt wurde nach und nach das Frauenwahlrecht eingeführt.

Der Ursprung von Großem liegt stets im Kleinen. Jemand beginnt, die Missstände zu hinterfragen, spürt einen Leidensdruck und verschafft sich Gehör, sei es durch Protest oder durch den Ausdruck einer Sehnsucht. Wenn Sie also Zeichen von Unzufriedenheit und Unmut in Ihrer Organisation wahrnehmen, sollten Sie dies nicht allzu leichtfertig abtun, sondern hinhören. Denn: »Zweifle nie daran, dass eine kleine Gruppe engagierter Menschen die Welt verändern kann – tatsächlich ist dies die einzige Art und Weise, in der die Welt jemals verändert wurde« (Margaret Mead, US-amerikanische Anthropologin).

**Beispiel**

Das Geschäftsmodell der Textilmarke hatte seinen Ursprung 1985 und wurde bis ins Jahr 1997 von der Unternehmensführung verteidigt. Niemand durfte infrage stellen, ob man noch die richtigen Produkte herstellte oder ob die Zielgruppe noch passend war. Der Gründer hatte das Unternehmen so aufgebaut und war stolz darauf, seiner Tradition stets treu geblieben zu sein. In einem Vertriebsmeeting sagte ein neuer Verkäufer unverblümt: »Ich kenne niemanden, der so etwas freiwillig tragen würde. Unsere Zielgruppe ist alt und stirbt langsam aus, wir brauchen etwas Neues.« Danach wurde es sehr still unter den Teilnehmenden des Meetings. Auch das anwesende Familienmitglied, das derzeit die Leitung des Familienunternehmens innehatte, sagte nichts. Im Nachgang jedoch löste diese Szene zunächst Empörung, dann aber Nachdenken aus. Letztlich war die unverblümte Feststellung des jungen Verkäufers eine Befreiung, weil danach endlich offen gesprochen werden konnte.

Bemerkenswert ist, dass es oft gerade nicht die Entscheidungsträgerinnen und -träger sind, die den Anstoß zu einem System- oder Paradigmenwechsel geben. Warum sollten sie auch etwas verändern wollen, was ihnen Macht verleiht? Deshalb korrigieren, reparieren und optimieren sie lieber, anstatt mutig in Richtung einer Transformation zu gehen. Dieser stete Optimierungsdrang kann aber auf Dauer das System nicht nachhaltig verbessern. Systeminnovationen entstehen nicht aus dem Nichts, sondern sind das Ergebnis von individuellem Engagement und vielen kleinen Bewegungen und Entscheidungen.

### Beispiel

Der Spielzeughersteller brauchte eine neue Strategie, das war dem Geschäftsführer und auch allen Stakeholdern seit langem klar. Die Zeichen waren überdeutlich: Der Umsatz stagnierte, die Kosten erhöhten sich laufend, es blieb immer weniger übrig. Die Renditen hatten eine deutlich absteigende Tendenz. Der Markt bewegte sich in Richtung günstiger Produkte aus Asien, was konnte man diesen niedrigen Preisen schon entgegensetzen? Der Geschäftsführer Hartmut war seit 30 Jahren in der Funktion, 63 Jahre alt und plante, in zwei bis drei Jahren in Rente zu gehen. Er war offen für Innovation und eine neue Führungskultur, las gerne und viel Businessliteratur und studierte internationale Best-Practice-Cases. Er hatte die Idee, dem Unternehmen nach seiner aktiven Tätigkeit seine Dienste als Berater für Digitalisierung und Innovation anzubieten. Für andere Bereiche hatte er viele Ideen, für seinen eigenen Verantwortungsbereich nicht beziehungsweise, so meinte er, ließen diese sich nicht durchsetzen. Das Thema Digitalisierung von Prozessen zum Beispiel wurde nicht umgesetzt, weil die Menschen im Unternehmen nicht bereit seien, ihre analogen Arbeitsweisen gegen digitale auszutauschen. Digitale Produkte scheiterten daran, dass die Einkäufer von großen Handelsketten keine Offenheit für sie zeigten. Die Abhängigkeit vom Handel sei zu groß. Eine neue Führungskultur zu etablieren, scheiterte vor allem an den Leitern der lokalen Verkaufsbüros, die allesamt lange in Amt waren, das Unternehmen dominierten und sich gegen alles wehrten, was ihre Macht in den Verkaufsregionen zu limitieren drohte. Die Regionen wurden mit Härte geführt, wer nicht leistete, wurde entlassen. Widerspruch gegen den Verkaufsleiter wurde nicht geduldet.

Magnus war bei dem Spielwarenanbieter seit kurzem verantwortlich für das Verkaufsbüro in Kiel. Er hatte im Unternehmen eine Ausbildung gemacht und war nun in der Verantwortung für das kleinste der nationalen Verkaufsbüros. Er wurde von den anderen Verkaufsleitern zwar gemocht, aber für seine vermeintliche jugendliche Naivität etwas belächelt. Vom Geschäftsführer selbst wurde Magnus in Ruhe gelassen, weil die anderen Büros so viel größer und wichtiger waren.

Es dauerte nicht lange, bis die Verkaufszahlen in Kiel stiegen. Neue Kunden kamen dazu und die Kunden kauften im Durchschnitt mehr ein als in den anderen Verkaufsregionen. Magnus war bescheiden und präsentierte die Zahlen auf der jährlichen Verkaufstagung, ohne ins Detail zu gehen, wie er das erreichte. Mit der Zeit wollten die bestehenden Verkaufsleiter jedoch wissen, woher der Erfolg in Kiel kam. Sie schickten ihre Mitarbeitenden in das Büro von Magnus, um zu spionieren. Was war der Grund des Erfolgs?

Magnus hatte einen exzellenten Kontakt zu seinen Kunden aufgebaut. Er sah sie regelmäßig und hatte zu den meisten ein persönliches Verhältnis. Diese Nähe gab ihm die Möglichkeit, jede Kundin und jeden Kunden genauso zu bedienen, wie diese oder dieser es sich wünschte. Den halbjährigen Saisonordertermin im Showroom zum Beispiel gestaltete er genau so, wie es den Kunden gefiel. Mal schnell und effektiv, mal geduldig, weil der Einkäufer sich so schwer entscheiden konnte. Er bot den Kuchen an, den der Kunde am liebsten mochte. Sein gesammeltes Kundenwissen übertrug er in ein kleines, handgestricktes CRM, damit er es immer parat hatte. Zudem hatte er, um die Terminabsprache zu erleichtern, mit seinem Schwager eine App entwickelt, die bei den Kunden gut ankam. Was aber das Wichtigste war: Die Kultur im Kieler Verkaufsbüro war ganz anders als in den anderen Verkaufsstellen. Alle verstanden sich gut, die vier Mitarbeitenden gingen mit Magnus ein paar Mal im Jahr segeln, jeder trat für jeden ein. Es gab keine Fluktuation, weil sich alle wohlfühlten. Das strahlte natürlich auch auf die Kunden ab. Jeder Kontakt mit dem Team war angenehm und konstruktiv, das machte den Unterschied.

Diese neue Kultur des Kieler Verkaufsbüros sprach sich schnell rum, manche Sachen wurden kopiert. Nach und nach zeigte sich, dass auch die etablierten Verkaufsleiter Magnus' Leistung anerkannten und sich langsam veränderten. Magnus' weitere Karriere ist schnell erzählt. Er hat im Unternehmen eine Bewegung initiiert, die die Basis für den späteren Erfolg bildete. Innovation und Digitalisierung wurden möglich, das Unternehmen war wieder im Aufwärtstrend. Magnus wurde zunächst der Vertriebsleiter national und gab das Kieler Büro an seine Stellvertreterin ab. Als Hartmut, der Geschäftsführer, vier Jahre später in Rente ging, gab er die Geschäftsführung an Magnus weiter. Dieser blieb seinem Stil treu, auch mit seiner »neuen Macht«, transformierte das Unternehmen und führte es international zum Erfolg.

Die Initiierung von Bewegungen bildet also die Grundlage für eine Transformation. Diese Bewegungen können aber nur dann langfristig wirksam werden, wenn sie eine eigene Dynamik und Einzigartigkeit entfalten. Eine Bewegung lässt sich selten kopieren, sondern muss aus dem Innern des eigenen Unternehmens aufgebaut werden. Dabei hilft es sehr, das Zielbild, also das große Ganze, was entwickelt werden soll, vor Augen zu haben (siehe Kapitel »Orientierung«).

## 3.1 Possibilismus statt Pessimismus

Das Beispiel des Spielwarenunternehmens ist exemplarisch dafür, dass nicht Pessimismus, sondern Optimismus der Motor für Veränderungen in einem System ist. Innovation und Fortschritt entstehen nicht, wenn man nicht bereit ist, Hürden zu überwinden und Neues zu wagen. Pessimisten bieten keine Lösungen, aber sie können Entwicklungen hemmen oder verlangsamen. In Zeiten des Wandels brauchen wir in jedem Fall eine possibilistische Haltung.

Possibilismus[1] ist ein konstruktiver Blick in die Zukunft. Possibilisten sind weder naiv noch übermäßig optimistisch; sie ignorieren Risiken nicht leichtfertig und begreifen Chancen als Möglichkeiten. Sie loten Potenziale aus und suchen nach Möglichkeiten. Ihr Ziel ist es nicht, für alles sofort eine Lösung zu haben. Vielmehr vertrauen sie darauf, dass sich Dinge entwickeln und sich neue Potenziale entfalten. Possibilisten sind aktive Gestalter. Sie übernehmen Verantwortung für ihren Weg.[2]

## Positives Gestalten statt klagen

Erinnern wir uns an das Beispiel vom Beginn dieses Kapitels, an das kritische Grundrauschen aus der Teeküche, das wir nicht abtun sollten, wenn wir es wahrnehmen. Dies umso mehr, weil es von entscheidender Bedeutung ist, dass wir latente Unzufriedenheiten in eine konstruktive und positive Richtung lenken. Denn Wut allein kann keine wirkliche Transformation bewirken. Ein bloßes Dagegensein ist weder attraktiv noch effektiv. Damit Wandel gelingen kann, sind positive Erzählungen über die Zukunft unerlässlich. Den Menschen muss deutlich gemacht werden, dass die Zukunft besser sein wird als die Gegenwart. Dann lohnt es sich für sie, in Veränderungsprozesse zu investieren. Werden Veränderungen nur mit Verzicht, Zwang oder Dystopien begründet, fehlen die Anreize, um eine Bewegung entstehen zu lassen. Stattdessen muss zunächst das Vertrauen der Betroffenen gewonnen werden. Sie müssen erkennen, dass sich ihre Situation im Vergleich zur Gegenwart zum Besseren verändern wird. Nur wenn die Zukunft als attraktiv und erstrebenswert dargestellt wird, sind Menschen bereit, sich auf Veränderungen einzulassen. Positive Visionen und Perspektiven sind daher der Schlüssel, um Veränderungsprozesse erfolgreich zu gestalten. Jede Transformation bedarf kreativer, schöpferischer Gruppen, die Lösungen entwickeln, anstatt darüber zu jammern, was nicht funktioniert.

### Beispiel

Das kleine Start-up in Frankreich verkaufte hochpreisige Naturkosmetikprodukte an Frauen ab 60 Jahren. Der Kreis der Kundinnen war zwar klein, aber sehr begeistert von der Marke und den Produkten. Allerdings wuchs das Unternehmen nicht und machte kaum Gewinn. Es gab sogar Jahre, in denen das Geschäft defizitär war und die Gesellschafter überlegten, es zu schließen. Martina lernte die Marke durch ihre 75-jährige Mutter kennen, die die Produkte mochte und sich auch in ihrem Alter durch sie schön und gepflegt fühlte. Als Martina das damals noch kleine Unternehmen als Geschäftsführerin übernahm, gab es zwei Mitarbeitende, die sich um die telefonischen Bestellungen, den Versand und die

Buchhaltung kümmerten. Martina kannte das Unternehmen zunächst nur durch die Erfahrung ihrer Mutter und entschloss sich, für einige Wochen die Telefonhotline zu übernehmen, um ihre Kundinnen besser kennen zu lernen. Viele Kundinnen wollten nicht nur bestellen, sondern auch über ihre Wünsche, Sehnsüchte, Ängste und über das Frausein im Alter sprechen. Sie war perplex, wie sehr sich die Kundinnen öffneten. Jeden Freitag berichtete Martina ihrem kleinen Team von diesen Menschen und ihren Geschichten. Von Brigitte, die sich beim ersten Date mit Alain dank der Kosmetikprodukte der Marke so wohlfühlte; von Nicole, der die Produkte nach der Scheidung von ihrem Mann ein neues Lebensgefühl gaben. Langsam veränderten sich im Team die Narrative über die Marke, und die Motivation der Teammitglieder stieg. Erst viel später wurde daraus eine Vision und eine Mission entwickelt, die zur Folge hatte, dass das Angebotsportfolio sich stark erweiterte. Der Fokus der Marke war nun klar: Frauen ab 60 ein gutes Lebensgefühl zu geben. Ursprung dieser Entwicklung waren die Geschichten von Brigitte und Nicole und zahllosen anderen Frauen, denen zunächst Martina, später ihre Mitarbeiterinnen am Telefon zuhörten.

## Fragen statt belehren

Besonders in Zeiten des Wandels müssen wir bestehende Strukturen, Muster, Gewohnheiten, Regeln, Routinen und Vorgaben regelmäßig auf ihre Funktionalität überprüfen. Was gestern noch galt und funktioniert hat, kann in der volatilen Welt, in der wir leben, morgen schon überholt sein. Das Mittel der Wahl für diesen Prozess ist, Fragen zu stellen. Ohne Bestehendes zu hinterfragen, zementieren wir den Status quo und setzen bekannte Muster fort. Ohne fragende Neugier gibt es keine Entwicklung. Für unser Selbstverständnis bedeutet dies, dass es immer intelligenter ist, sich als »Learner« zu begreifen, denn als »Knower« – egal in welcher Rolle wir im Unternehmen sind.[3] Eine Frage kann ein Türöffner zu Möglichkeitsräumen sein, die uns vorher gar nicht bewusst waren. Sie ist der Schlüssel zu Alternativen und neuen Denk- und Handlungsweisen.

Gleichwohl sind Fragen keine bloßen Werkzeuge zur Informationsbeschaffung oder Machtausübung, sondern idealerweise der Beginn eines Dialogs. Die Auseinandersetzung und Gestaltung von Transformation sind stets komplexe Phänomene und beinhalten als solche eine Vielzahl unterschiedlicher Faktoren, Abhängigkeiten und Ursachen, die nicht aus einer einzigen Perspektive allein erfasst werden können. Um das Gesamtbild zu verstehen, bedarf es stets mehrerer Sichtweisen. Niemand kann ein System allein vollständig beherrschen oder umfassend verstehen, wir sind auf die Vielfalt der Ansichten angewiesen. Daher sollten durch Fragen initiierte Dialoge einladend, öffnend und inspirierend sein, nicht belehrend oder kritisch.

## Eco statt Ego

Um Fragen stellen und Dialoge beginnen zu können, bedarf es eines passenden Umfeldes. Es bedarf einer Atmosphäre der Offenheit, der Transparenz und des Vertrauens. Denn wenn im Unternehmen ein gutes Klima herrscht und die Mitarbeitenden dem System vertrauen, sind sie auch so offen, ein System regelmäßig zu hinterfragen und konstruktiv an dessen Veränderung mitzuwirken. In der Praxis sehen wir häufig, dass zu viel Eigeninteresse der verantwortlichen Akteure dem Wohl des Unternehmens entgegensteht – Egoismus und Egozentrismus, also ein Verhalten, das uns und unsere Interessen selbst in den Mittelpunkt stellt, befördern den Wandel nicht, sondern verhindern ihn.

### Beispiel

Der Gründer des Start-ups war ein Ego-Man. Er hatte die Idee und das Businessmodell entwickelt und das Unternehmen so strukturiert, dass die Mitarbeitenden ihm jüngerhaft folgten. Er interpretierte jede Frage als Infragestellen seiner Person. Neue Ideen, die an ihn herangetragen wurden, betrachtete er als Kulturrevolution. Oft hörten seine Mitarbeitenden von ihm: »Nicht denken, machen.« Er konnte sich selbst nicht zurücknehmen und war umgeben von einer großen Blase und braven Ja-Sagern. Die Folge: Das Geschäftsmodell stagnierte, immer mehr Mitarbeitende verließen das Unternehmen. Nach zwei Jahren war Schluss.

Sich für die Entwicklung eines Unternehmens einzusetzen, ist nicht zuletzt eine Frage der Einstellung. Als Verantwortliche müssen wir die Zukunftsfähigkeit des Unternehmens über unsere persönlichen Interessen stellen. Häufig ist es so, dass die Früchte der Transformation erst nach dem Ausscheiden der Verantwortlichen und Führungskräfte aus dem Unternehmen geerntet werden. Daher braucht es ein hohes Verantwortungsbewusstsein, aktiv an dem System zu arbeiten, auch wenn man selbst vielleicht gar nicht mehr in den Nutzen des Wandels kommt. Es braucht eine gewisse Demut und Dankbarkeit dafür, was man bereits durch seine Tätigkeit vom Unternehmen erhalten hat.

## 3.2 Aufgaben und Rollen in einer transformativen Bewegung

In den meisten Transformationen gibt es eine Vielzahl von Funktionen, die von unterschiedlichen Personen ausgeführt werden. Das ist gut und richtig, denn so können mehrere Perspektiven in den Prozess einfließen und die Bewegung auf eine breitere Basis stellen. Die wichtigsten Aufgaben und Rollen in einem Unternehmenswandel haben wir im Folgenden benannt.

1. **Sichtbarmachung von kritischen Themen:** Eine zentrale Funktion innerhalb eines Transformationsprozesses ist es, aus der Fülle von Anliegen und Aspekten gewisse Themen zu priorisieren und zu dauerhaft relevanten Anliegen zu machen. Wir nennen diese Aufgabe »Sichtbarmachung von relevanten Themen«. Die Aufgabe ist es, diese Themen zum Gesprächsthema auf allen Hierarchieebenen zu machen, sodass es fast unmöglich ist, sich ihrer Diskussion zu entziehen.

2. **Gestalterische Funktion:** Für die Erprobung erster kleiner Transformationsprojekte bedarf es einer geeigneten Plattform. Diese so zu gestalten, dass hier gemeinsam neue Ideen entwickelt und moderiert werden können, ist eine wichtige Funktion im Transformationsprozess. Dazu ist es notwendig, einen offenen, kollaborativen Raum zu

schaffen, in dem sich alle Beteiligten – von Führungskräften bis hin zu Mitarbeitenden auf allen Ebenen – ermutigt fühlen, ihre Gedanken, Bedenken und Visionen frei zu äußern. Der Schlüssel zu einer erfolgreichen Plattform liegt in ihrer Fähigkeit, Transparenz zu fördern, den Austausch zu erleichtern und eine Kultur des Lernens und der kontinuierlichen Verbesserung zu etablieren. Der Einsatz innovativer Instrumente kann in diesem Zusammenhang eine unterstützende Rolle spielen und ein dynamisches Umfeld für die Erprobung neuer Ideen schaffen.

3. **Hofnarr-Funktion:** Bei Hofe galt der Narr als eine feste soziale Institution, weniger um den Hofstaat und dessen Herrscher zu belustigen, sondern um seinen Handlungsfreiraum zu nutzen, Unliebsames und Kritik zu äußern. Als Überbleibsel dieser höfischen Tradition benutzen wir noch heute gerne den Begriff »Narrenfreiheit«, die wir jenen gewähren, die im sozialen Gefüge eine Sondererstellung einnehmen und sich jenseits der Normen bewegen. In Zeiten der Transformationen sind es die Unternehmen, die Organisationsverantwortliche in der Funktion des Hofnarren brauchen. Mitarbeitende, die intelligent provozieren und irritieren, die unangenehme Wahrheiten aussprechen und das System effizient wachrütteln – nicht um eigene Interessen durchzusetzen oder mitzuentscheiden, sondern um Entscheidungsträgerinnen und -träger zum Nachdenken, Umdenken und Andersdenken einzuladen. Insbesondere Unternehmen, die den Wandel suchen und Transformation in ihrer Unternehmens-DNA tragen, rekrutieren Kreative oder generell fachfremdes Personal (reflektierende Denker, Feedbackgeber, Mentoren, Wahrnehmungsexperten), um diesen Menschen gezielt eine Hofnarr-Funktion zu geben.

4. **Narrateur-Funktion:** Unser Gehirn liebt es, in Geschichten zu denken und Geschichten zu rezipieren, da sie Emotionen und Rationalität verbinden. Geschichten bewegen uns mehr als Fakten und sind daher hilfreich für Erklärungen und Mobilisierung.

   Es gibt zwei Arten von Geschichten, die wir für den Wandel nutzen können. Die erste Kategorie sind die zukunftsorientierten Geschichten, die uns mit möglichen Zukunftsbildern verbinden. Diese

Geschichten ermutigen uns, den Wandel mit unserer Fantasie aktiv mitzugestalten, und stellen uns gleichzeitig vor die Herausforderung, uns selbst zu hinterfragen. Durch Geschichten können wir eine Zukunft lebendig machen, die noch nicht da ist. Wir können uns selbst via Fantasie in ein mögliches Zukunftsbild einbinden und etwas Abstraktes konkretisieren.

Die zweite Kategorie sind Erfolgsgeschichten, die uns erzählen, was anders gemacht wurde und dennoch erfolgreich war. Diese Geschichten geben unseren Fragen einen neuen Klang und zeigen verschiedene Handlungsmöglichkeiten – nicht als Best Practice, sondern als Annäherung an etwas Neues.

5. **Leuchttürme:** Jede Transformation hat Leuchttürme, also Menschen, die für die neue Bewegung stehen, egal in welcher Funktion sie sind. Einmal entzündet, verbreiten sie die Nachricht der neuen Bewegung, leben sie in ihrem täglichen Handeln vor, sind bereit, als Vorbilder zu dienen. Oft entpuppen sich ganz andere Leuchtturm-Akteure als vorher gedacht. Diese Menschen, die als Leuchttürme fungieren, sind nicht nur rational überzeugt von den Veränderungen, sondern auch emotional beteiligt. Sie sehen vor allem die Vorteile in der Umsetzung, für das Unternehmen oder für sich selbst. Deshalb muss man Leuchttürme selten pushen, sie sind von sich aus motiviert.

## 3.3 Unterschiedliche Gruppen bedürfen einer unterschiedlichen Ansprache

Jede Veränderungsabsicht, jede Veränderungsbewegung in einer Organisation ruft verschiedene Gruppen und Rollen auf den Plan, die unterschiedlich auf Veränderungsimpulse reagieren. Diese Gruppen zeigen unterschiedliche Verhaltensweisen und gehen unterschiedlich mit anstehenden Veränderungen um. Es ist sinnvoll, diese Gruppen genauer zu betrachten, um ihr Verhalten zu verstehen und geeignete Maßnahmen zu ergreifen. Nur so kann eine positive Entwicklung im Sinne der Transformation gefördert werden.

## Beispiel

Als Peter in seiner Funktion als Managing Partner das Vertriebsunternehmen für Seifen und Öle für den Haushalt übernahm, war das Unternehmen defizitär. Es musste also Veränderungen geben, das war allen klar. Von seinem Vorgänger hörte er, der Vertrieb sei faul, die Führungskräfte unmotiviert. Die Mitarbeitenden in der Münchner Zentrale seien weitestgehend frustriert über die mangelnden Erfolge und die unfähigen Führungskräfte. Natürlich gab es in der Vergangenheit viele Workshops, die Transformationen einleiten sollten, aber nichts wurde in die Realität umgesetzt. Peter traf dann in den ersten Monaten im Unternehmen viele der Mitarbeitenden. Alle schienen sich einig, dass etwas verändert werden musste, aber gaben anderen Gruppen die Schuld, warum das in der Vergangenheit nicht passiert war. Oft stand der vorherige Vorstand in der Kritik. Die Mitarbeitenden hatten ihm nicht vertraut und sagten: »Er wollte sich nicht die Hände schmutzig machen, er trainierte lieber für den Marathon, als sich mit uns zu beschäftigen. Er war selten im Büro, vor allem dann, wenn es etwas zu feiern gab oder er allen den Marsch blasen wollte.«

Peter sah schnell, dass es viele unterschiedliche Menschen im Unternehmen gab, mit unterschiedlichen Meinungen, Haltungen, Ambitionen. Was sich so banal anhört, war eine wichtige Erkenntnis. Die Mitarbeitenden wurden in ihrer Individualität bis dato nicht gesehen, es gab auch keinerlei Forum, um den unterschiedlichen Positionen einen Raum zu geben. Somit waren nicht nur die Einschätzungen des ehemaligen Vorstands (der Vertrieb, die Führungskräfte) sehr allgemein, sondern auch die Identifizierung eines jeden Einzelnen mit einer Gruppe (»Wir werden schlecht bezahlt«, »Wir vertrauen nicht«, »Wir wünschen uns die Vergangenheit zurück« und so weiter). Bei diesem Ansatz kam jedes Individuum zu kurz, deshalb erweiterte Peter seine Gespräche vor allem um die individuelle Komponente. Er fragte nach der persönlichen Situation der Mitarbeitenden, nach deren Sehnsucht im Unternehmen, nach deren Angst. Er hörte sich an, was jede und jeder Einzelne im Unternehmen gerne ändern würde, was wichtig sei. Diese Gespräche waren die Basis für die spätere Veränderung des Führungskonzepts und der Kultur im Unternehmen. Es stellten sich in den Gesprächen Cluster von Menschen heraus, die aber gänzlich anders waren, als der vorherige Vorstand sie gebildet hatte.

Unter der Perspektive der Transformation können wir von fünf Gruppen ausgehen, die sich durch eine grundlegend unterschiedliche Veränderungsbereitschaft auszeichnen:

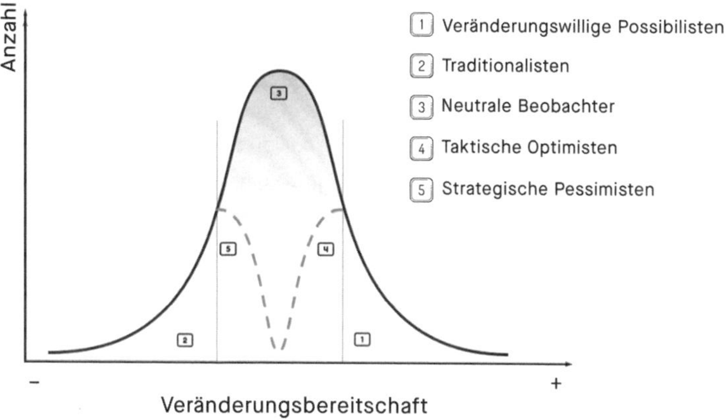


Abb. 2: Fünf Gruppen der Veränderungsbereitschaft

## Gruppe 1: Veränderungswillige Possibilisten

Der Publizist, Philanthrop und Umweltaktivist Carl Wolmar Jakob von Uexküll hat den Begriff der Possibilität geprägt. Er bezeichnete Menschen, die den kritischen Zustand der Welt erkennen und dennoch das Mögliche tun, als Possibilisten.[4] Possibilisten werden aktiv und beginnen auf ihre eigene kreative Art und Weise, das System zu verändern, ohne auf ausreichende Informationen oder die Lösung durch andere zu warten. Sie sind tatkräftig und suchen nach Möglichkeiten, ohne dabei unter Druck zu stehen oder auf umfangreiche Informationen angewiesen zu sein. Anstatt darauf zu warten, dass entweder genügend Informationen vorliegen oder andere die Probleme lösen, ergreifen diese Menschen die Initiative und beginnen auf ihre eigene kreative Art und Weise damit, die Welt zu verändern. Sie haben keine Angst vor Ungewissheit und beanspruchen nicht, sofort für alles eine Lösung parat zu haben.

Stattdessen vertrauen sie darauf, dass sich die Dinge entwickeln und sich neue Potenziale entfalten werden. Sie sind mutig und lieben es zu gestalten. Dabei sollten sie jedoch immer die Risiken im Blick behalten und die Gefahren nicht unterschätzen.

### Beispiel

In Peters Organisation schien es nicht viele Possibilisten zu geben. Einige hatten vielleicht das Potenzial dazu, waren aber in der Vergangenheit in ihren Veränderungsbemühungen so von der Organisation abgestraft worden, dass sie ihre Aktivität eingestellt haben und in die innere Kündigung gegangen sind. Die Auszubildende Iris schien aber von Anfang an eine Ausnahme zu sein. Sie ging im Rahmen ihrer Ausbildung von Abteilung zu Abteilung und hinterließ überall eine kleine Spur. Im Personalcontrolling zum Beispiel hatte sie die Idee, eine monatliche Fragestunde für die Vertriebsberater einzuführen, um ihnen die Unsicherheiten zum Einkommenssystem zu nehmen. Im Recruiting brachte sie die Neuerung ein, neue Mitarbeitende im ganzen Unternehmen vorzustellen, und zwar nicht nur mit Alter, Wohnort und Funktion, sondern auch mit ihren Interessen, Leidenschaften und persönlichen Zielen. Ihre Ideen wurden umgesetzt – manchmal auch ohne, dass sie auf Iris zurückgingen. Oft schmückte sich jemand anderes mit ihren Errungenschaften. Iris war das nicht wichtig, sie machte trotzdem weiter.

Nach den drei Jahren ihrer Ausbildung war das Unternehmen in vielen Punkten besser geworden. Iris wurde in ein festes Anstellungsverhältnis übernommen und bekam bald danach ihre erste Führungsposition im Unternehmen. Peter fragte sie während einer gemeinsamen Dienstreise einmal, woher sie eigentlich die Kraft für all die kleinen Veränderungen nähme. Sie antwortete: »Meine Eltern haben mich selbstbewusst erzogen und mich immer ermutigt, meine Ideen ohne Angst vor Ablehnung vorzutragen, nicht nur im persönlichen, sondern auch im beruflichen Leben. Ich habe keine Angst, etwas zu verlieren, sondern fühle mich wirksam, meine Umgebung besser zu machen, auch wenn nicht immer jeder applaudiert.« Ja, Erziehung ist das eine, um Possibilisten Flügel zu geben, aber die Rahmenbedingungen, die in einem Unternehmen gegeben sind, sind ebenfalls wichtig. Dieses Gespräch war für Peter Anlass, die Possibilisten in seinem Unternehmen mehr zu fördern.

### Gruppe 2: Traditionalisten

Die Traditionalisten schätzen den aktuellen Zustand und sind auf Stabilität ausgerichtet. Veränderungen begegnen sie eher mit Skepsis und neigen dazu, die Zukunft als eine Art Wiederholung der Vergangenheit zu betrachten. Die Vergangenheit dient häufig als Maßstab für alle anderen Entwicklungen; ihre Gewohnheiten gelten ihnen als Quelle von Stabilität und Sicherheit.

Diese Gruppe lehnt Neuerungen in der Regel ab und ist nicht ohne Weiteres bereit, die Vorteile des Neuen zu erkennen. Dabei fußt die Begründung ihrer ablehnenden Haltung weniger auf rationalen Überlegungen, denn auf der Angst vor Unsicherheit. In Zeiten des Wandels zeigen Traditionalisten eine Haltung des Widerstands und der Verweigerung. Anstatt sich auf neue Ideen einzulassen, klammern sie sich an etablierte Praktiken.

Selbstverständlich folgt diese Beschreibung einer allgemeinen Tendenz – nicht jeder Traditionalist zeigt diese Verhaltensmerkmale in gleichem Maße. In einer sich schnell verändernden Welt spielen jedoch Traditionalisten und Konservative eine bedeutsame Rolle, auf die wir später genauer eingehen werden.

#### Beispiel

In Peters Unternehmen gab es auf den ersten Blick viele Traditionalisten. Sie schienen das größte Cluster zu bilden, weil die Mehrheit der Mitarbeiterinnen und Mitarbeiter sich hinter der Haltung »Früher war alles besser« vereinen konnte. Sie gingen nicht aggressiv gegen Veränderungen vor, sahen aber keinen Vorteil darin, daran teilzunehmen.

Bereit war zum Beispiel der Verkaufsberater Helmut aus Nordrhein-Westfalen. Er war zu Peters Start schon über 60 Jahre alt und zählte seit

25 Jahren jährlich aufs Neue zu den besten Verkäufern. Er genoss eine hohe Anerkennung im Unternehmen, was für ihn eine wichtige Triebfeder war. Peter fand das in einigen persönlichen Gesprächen heraus. Helmut war bereit für Veränderungen im Unternehmen und in seinem eigenen Verhalten, er wollte aber nicht die Anerkennung der anderen verlieren. Als neue Produktgruppen eingeführt wurden, die transformatorischen Charakter hatten, tat Helmut sich mit dem Verkauf schwer. Er hatte zunächst Angst, diese neuen Produkte zu verkaufen, und suchte Ausflüchte wie »Dafür bin ich vor 30 Jahren nicht eingestellt worden«. Er fürchtete um seine Anerkennung und schlug beispielsweise vor, dass die neuen Produkte nicht in die Bewertung des besten Verkäufers einfließen sollten. Natürlich war das nicht möglich. Aber Peter war schlau. Durch die Kenntnis der individuellen Situation von Helmut und anderen Traditionalisten ließ er ihnen die Freiheit, sich langsam und in ihrem Rhythmus den neuen Produktgruppen zu nähern. Zudem schaffte er es durch eine neue Bewertungskategorisierung, sowohl denen Anerkennung zu geben, die in den alten Produktwelten gut verkauften, also auch denen, die sich schneller umstellten. Und siehe da: Diese Traditionalisten wie Helmut wurden im Laufe der Zeit zu Leuchttürmen der Transformation. Wer hätte das gedacht?

Nicht bereit für Veränderung war Christian, seit 25 Jahren Vertriebsführungskraft in Sachsen. Er hatte noch vier Jahre bis zur Rente und pflegte einen harten und unnachgiebigen Führungsstil in seiner Mannschaft. Neue Produkte wollte er partout nicht verkaufen und dies folglich auch nicht in seinem Team durchsetzen. Er fand immer wieder Gründe, warum die Produkte nicht gut seien, die Kunden sie nicht wollten und sie auch überhaupt nicht zum Unternehmen passten. Christian war in seiner Vehemenz und durch seine bedeutende Führungsrolle einer der wichtigsten Multiplikatoren in der Organisation. In vielen persönlichen Gesprächen mit Christian versuchte Peter, Ansätze für Veränderungen zu erzielen. Dennoch fand er keine Möglichkeit der Annäherung. Christian ließ immer wieder durchklingen: »Ich bin so lange dabei und habe nur noch einige Jahre bis zur Rente. Ihr werdet mich nicht verändern, eine Abfindung könnt ihr auch nicht zahlen, also gebt es auf. Wenn ich ungemütlich werde, verliert ihr einen Großteil des Vertriebs, also lasst es sein. Das haben schon andere versucht.« Diese Haltung tat er auch offen kund, wenn Peter nicht anwesend war. Er erntete wenig Widerspruch, zu wichtig war seine Rolle im Unternehmen. Trotzdem berichteten viele Personen im Anschluss, wie unwohl sie sich bei diesen Aussagen fühlten, aber sie trauten sich nicht, ihm zu widersprechen.

Schlussendlich leitete Peter doch einen Trennungsprozess ein. Dieser war zwar teuer für das Unternehmen, zudem trennten sich ein paar Vertriebler aus eigenen Stücken und kurzfristig verschlechterte sich die Situation des Unternehmens auch. Aber Peters Mut zahlte sich aus. Durch eine neue, offene Führung kamen nach und nach viele neue Mitarbeitende in das Unternehmen und auch die Altgedienten fühlten sich mit der Transparenz, Freundlichkeit und Klarheit in der Führung viel besser und erzielten bessere Ergebnisse.

### Gruppe 3: Neutrale Beobachter

Neutrale Beobachter sind Mitarbeitende, die ihre Aufgaben im System wahrnehmen und sich systemkonform verhalten. Sie halten sich an die Regeln und Vorschriften, erfüllen die an sie gestellten Erwartungen und sind wenig daran interessiert, sich freiwillig in Projekten zu engagieren oder zusätzliche Verantwortung zu übernehmen. Neue Initiativen oder Anstrengungen, die über ihre expliziten Aufgaben hinausgehen, sind für sie nicht attraktiv. Sie scheuen oft das Unbekannte und ziehen es vor, etablierte Arbeitsabläufe beizubehalten, was zu einer gewissen Resistenz gegenüber Veränderungen führt.

Die meisten neutralen Beobachter betrachten Arbeit als Mittel zum Zweck, um ihren Lebensunterhalt zu sichern, ohne eine tiefe Verbundenheit oder Leidenschaft für die Aufgabe zu empfinden. Das eigentliche Leben findet für sie außerhalb der Arbeit statt. Innerhalb dieser Gruppe gibt es jedoch eine besondere Untergruppe: Beschäftigte, die das Unternehmen auf verschiedene Weise enttäuscht hat. Entweder wurden ihre Ideen nicht gehört oder sie wurden nicht gefördert. Schlussendlich haben sie ihre intrinsische Motivation verloren. Diese Mitarbeiterinnen und Mitarbeiter könnten sich aktiv an Veränderungen beteiligen, wenn sie das Gefühl hätten, dass dadurch für sie selbst positive Veränderungen möglich sind.

## Beispiel

Viele Mitarbeitende in Peters Unternehmen hatten sich durch zahlreiche Vorstandswechsel daran gewöhnt, ihr Fähnchen nach dem Wind zu hängen und sich nicht weiter zu involvieren. In der Zentrale in München schienen viele dieser Gruppe anzugehören. Peter sah in seinen persönlichen Gesprächen Talente und Leidenschaften, die aber nicht ins Unternehmen eingebracht wurden. Mal weil das Unternehmen dies in der Vergangenheit nicht anerkannt hatte, mal weil sie im Leben einen anderen Fokus als Arbeit hatten.

Nach Peters Menschenbild galt, dass jeder und jede für das gesehen werden möchte, was er oder sie ist, und jede und jeder wirksam sein will und zu einer Veränderung zum Guten beitragen möchte. An einigen Mitarbeitenden der Münchner Gruppe arbeitete er sich ab und erreichte keine Dynamik, bei anderen wurde er fündig. Zum Beispiel bei Sabine. Sabine war Mitte 50 und seit 30 Jahren im Controlling des Unternehmens beschäftigt. Ihr Mann war deutlich älter als sie, gesundheitlich nicht fit und brauchte ihre Zuwendung. Sabine kommunizierte ihre Situation nie im Unternehmen. Wenn sie ihren Mann zum Beispiel bei Arztbesuchen begleitete, meldete sie sich krank. Sie fiel im Unternehmen nicht auf, erledigte ihre Aufgabe seit vielen Jahren genau gleich und lebte mit vielen Krankheitstagen im Jahr ein recht ruhiges Leben.

Als Peter in seiner Anfangszeit einmal eine neue Analyse benötigte, ging er ins Controlling-Büro und fand Sabine vor. Sie unterhielten sich angeregt und mochten sich auf Anhieb. Die Analyseanforderung von Peter überraschte Sabine, so etwas hatte noch nie jemand gewollt. Am nächsten Tag rief sie Peter an und verblüffte ihn mit ihrem Analyseergebnis. Sie hatte noch weitere Analysen gemacht und war zu interessanten Erkenntnissen gekommen. Peter setzte sich mit ihr zusammen und war begeistert. Diese Sicht auf das Business eröffnete neue Möglichkeiten. Peter und Sabine arbeiteten von nun an enger zusammen und vertrauten sich. Einmal erzählte Sabine auch von ihrem Mann. Peter war geschockt, das hatte er nicht gewusst. In weiteren Gesprächen vereinbarten die beiden, wie die Tätigkeit im Unternehmen, die Sabine nun viel aufregender fand als vorher, sich mit der Zuwendung für ihren Mann vereinbaren ließe. Sabine wurde die erste Mitarbeitende im Unternehmen, die zeitweise remote arbeitete. Sie erledigte ihre Aufgaben zuverlässig, fand eine gute Balance zwischen ihrem Privatleben und ihrem Job und war erfüllt.

## Gruppe 4: Taktische Optimisten

Taktische Optimisten sind gut darin, Anomalien und aktuelle Themen zu erkennen. Sie erkennen die Notwendigkeit von Veränderungen im System, halten sich aber zunächst zurück, um ihre persönlichen Interessen nicht zu gefährden. Sie beobachten erst einmal, wie das System auf Veränderungen reagiert. Bei positiven Signalen springen sie gerne auf den Zug auf. Diese Gruppe besteht vor allem aus karriereorientierten Personen, die Veränderungen als Chance begreifen, wenn sie sich dadurch profilieren können. Sie engagieren sich in neuen Projekten oder übernehmen zusätzliche Verantwortung, wenn sie sicher sind, dass ihre Vorgesetzten dies positiv bewerten. Ihr Hauptaugenmerk liegt oft mehr auf der eigenen Positionierung als auf dem Wohl des Gesamtsystems. Um ihre Kompetenz zu beweisen, beweihräuchern sie sich selbst und sind darauf erpicht, möglichst viel Anerkennung für ihre Bemühungen zu ernten.

Ihr Handeln ist stark von den signalisierten Erwartungen und der Anerkennung ihrer Vorgesetzten geprägt. Sie wollen gesehen und anerkannt werden, und ihre Bereitschaft, sich aktiv an Veränderungen zu beteiligen, hängt stark von persönlichen Vorteilen ab.

### Beispiel

Peters Start als neuer Managing-Partner wurde Wochen vorher im Unternehmen angekündigt. Bereits an seinem ersten Tag baten Mitarbeitende aus verschiedenen Ländergesellschaften um einen persönlichen Termin. Peter war irritiert. Kamen die etwa seinetwegen? Und was versprachen sie sich davon? Die Antwort war: Ja, sie kamen seinetwegen, weil sie sich davon einen »First-Mover-Vorteil« erhofften. Die, die zuerst kamen, so stellte sich später heraus, waren die taktischen Optimisten, die auf jeden Zug aufsprangen, der ihnen karriereförderlich schien. Peter lernte sie nach den ersten »Selfmarketing«-Treffen (»Ich wollte es ja immer anders als Ihr Vorgänger«, »Auf mich können Sie im Vergleich zu den anderen zählen«, »Ich werde für Sie die Teams begeistern«) besser kennen.

Clemens zum Beispiel bot sich Peter als Fahrer zu Vertriebsterminen an und suchte fortan seine Nähe. Da er für viele Reisen von Peter geografisch günstig wohnte, holte er ihn immer vom Flughafen oder Bahnhof ab und fuhr ihn zu den Vertriebsmeetings. Dadurch hatte er im Vergleich zu anderen Führungskräften mehr Verbindung zu Peter, lernte schnell, was er am liebsten während der Fahrt trank und aß, konnte einschätzen, wann er seine Ruhe brauchte und wann er Zeit für Gespräche mit ihm hatte. Irgendwann merkte Peter, dass Clemens diesen Vorteil gegenüber Dritten erwähnte und nutzte. Er ließ immer wieder zwischen den Zeilen fallen, dass er »näher dran war« als die anderen. Auch während der gemeinsamen Fahrten ließ Clemens wenig Möglichkeiten der Manipulation aus: »Der Verkaufsleiter XY hat ein Problem, die Produkte von Produktmanager XY sind einfach nicht gut genug …«

Nach einigen Monaten fand Peter einen anderen Weg, sich fahren zu lassen. Er mochte Clemens' Manipulation nicht und bemerkte dessen toxisches Verhalten. Nach dieser Zeit wurde Clemens krank und ging in den Vorruhestand. Taktische Optimisten sind in der Transformation vor allem dann aktiv, wenn sie einen Vorteil davon haben.

### Gruppe 5: Strategische Pessimisten

Strategische Pessimisten wünschen sich zwar Veränderungen, weil sie mit der Funktionsweise und den Paradigmen des Systems nicht einverstanden sind. Sie glauben jedoch nicht, dass sich das System zum Besseren ändern kann. Sie haben häufiger Erfahrungen mit Veränderungen gemacht, die aus ihrer Sicht keine Verbesserungen gebracht haben oder gar gescheitert sind. Sie sind frustriert und enttäuscht von den Bemühungen und stehen neuen Vorschlägen oder Projekten desillusioniert gegenüber. Ihr Verhalten ist oft von Skepsis und einer gewissen Resignation geprägt.

Diese Gruppe neigt dazu, sich zurückzulehnen und abzuwarten, anstatt sich aktiv an Veränderungen zu beteiligen. Sie zweifeln an der Wirksamkeit von Veränderungsprozessen und haben möglicherweise das Gefühl, dass sich ihre Anstrengungen in der Vergangenheit nicht gelohnt haben. Es fehlt an Vertrauen in die Erfolgsaussichten neuer Initiativen.

**Beispiel**

In Peters Organisation gab es auch einige strategische Pessimisten. Heidrun war eine davon. Als Peter in das Unternehmen kam, war Heidrun Leiterin des Kundenservice und hatte damit an der Schnittstelle von Vertrieb und Kunden eine Schlüsselrolle inne. Gegen ihr »Das haben wir schon immer so gemacht« oder »Das brauchen wir gar nicht zu versuchen, das hat vor zehn Jahren schon nicht funktioniert« war schwer anzukommen. Bedenken wurden immer und zu jedem Thema geäußert, manchmal inhaltlich getrieben, oft aus Prinzip. Dieser Pessimismus übertrug sich auch auf ihr Team, sodass sich der gesamte Kundenservice langsamer entwickelte als gewollt.

Schlussendlich stufte Peter Heidrun in ihrer Position herab und fand eine neue Kundenserviceleiterin, die von außen kam und einen frischen Blick hatte. So wurden viele Veränderungen nach und nach möglich gemacht. Interessanterweise legten einige Mitarbeitende aus der Abteilung ihren Pessimismus ab, als sie sahen, dass die Veränderungen erste Früchte trugen. Andere blieben pessimistisch, hatten aber keine Multiplikationskraft mehr.

In Anbetracht dieser unterschiedlichen Gruppen von Menschen stellt sich natürlich die Frage, wie wir diese mobilisieren und aktivieren können, um der Transformation die nötige Kraft und Beschleunigung zu verleihen. Wie können sich möglichst viele Gruppen konsequent in die richtige Richtung bewegen? Um dies zu erreichen, müssen wir uns mit verschiedenen Aspekten auseinandersetzen:

– **Umgang mit Widerständen:** Wie können wir effektiv mit den Widerständen der verschiedenen Gruppen umgehen?

- **Entwicklung des Verhaltens:** Wie kann Verhalten wirksam verändert werden?
- **Vergrößerung der Bewegung:** Wie können wir möglichst viele Gruppen mit in die Bewegung bekommen?

Bevor wir uns diesen Themen im Detail widmen, sollten wir uns einige wichtige Aspekte vor Augen führen.

In der Praxis werden Veränderungsabsichten oft als positiv, sinnvoll und überlebensnotwendig angesehen, während Widerstandskräfte als bloße Nein-Sager oder als uneinsichtig und überholt abgestempelt werden. Neutrale Beobachter wiederum werden oft als Fähnchen im Wind betrachtet, das sich je nach Stimmungslage dreht.

All diese vorgefassten Meinungen tun der Transformation nicht gut. Eine vorschnelle Bewertung einzelner Rollen ist unangebracht, denn **jede Gruppe und jede Rolle hat ihre Berechtigung im System**. Jede dieser Rollen verdient eine angemessene Wertschätzung. Zudem verändern einige Personen sich im Prozess der Transformation, wie unsere Beispiele gezeigt haben.

Ein System, das ausschließlich aus veränderungswilligen Possibilisten besteht, wird ständig den neuesten Trends und Stimmungen hinterherlaufen wollen. Es würde ihm an Traditionspflege fehlen und damit ein Identitätsverlust drohen. **Ohne Stabilität gibt es keine feste Identifikationsbasis, keine klare Form, keine Kontinuität**. Nur eine völlige Verweigerung von Veränderung führt zur Erstarrung, zum zwanghaften Festhalten an einmal erreichten Standards. Dann bilden sich Routinen heraus, werden zunehmend automatisiert, Reflexion findet kaum statt, die Anpassungsfähigkeit geht verloren.

Obwohl Transformation Neuerfindung bedeutet, sollte kein System alles verändern oder alles neu lernen, sonst kann es nicht mehr an seine eigene Vergangenheit anknüpfen und die notwendige Orientierung geht verloren. Ein ausgewogenes Maß an Kontinuität ist daher von entscheidender Bedeutung, wenn eine Organisation funktionsfähig bleiben will. Durch die Bewahrung bestimmter Elemente aus der Vergangenheit kann eine Organisation ihre Identität behalten und ihren Mitarbeitenden und Kunden Stabilität bieten. Ein zu radikaler Wandel kann dazu führen, dass eine Organisation ihre Wurzeln verliert. Daher ist es wichtig, bei jeder Transformation ein Gleichgewicht zwischen Neuerfindung und Kontinuität zu finden, um langfristig erfolgreich zu sein.

## Umgang mit Widerständen

Widerstände gehören zu jeder Transformation. Sie sind eine normale psychologische Reaktion der Menschen auf Veränderungen. Wenn es keine Vorbehalte gegenüber Veränderungen gibt, entspricht das also eher der Ausnahme.

Gemeinsame Ursachen für den Widerstand sind oft[5]:

- **Unverständnis:** Mitarbeitende wehren sich gegen Veränderungen, weil sie deren Notwendigkeit nicht verstehen. Es fehlen Informationen darüber, warum es einer Veränderung bedarf und was dadurch besser wird.
- **Misstrauen:** Mitarbeitende reagieren auch dann mit Widerstand gegen Veränderungen, wenn sie den Akteuren des Wandels nicht vertrauen. Vielleicht gab es in der Vergangenheit schlechte Erfahrungen, die das Vertrauen zerstört haben.
- **Angst:** Manche Mitarbeitenden haben eine niedrige Veränderungstoleranz und reagieren mit Ängstlichkeit und Besorgnis auf die vagen Prognosen, die jede Transformation mit sich bringt. Man befürchtet, dass sich die eigene Situation verschlechtern könnte oder man mit der veränderten Situation nicht umgehen kann. Ein weiterer Grund für die Angst kann der Respekt vor dem Erlernen neuer Kompetenzen sein, sodass man sich überfordert und den Veränderungen gegenüber nicht gewachsen fühlt.
- **Beschränkung der Selbstbestimmung:** Insbesondere, wenn Transformationsprozesse von außen gefordert werden, erleben die betroffenen Mitarbeitenden dies als Einschränkung ihrer Selbstbestimmung. Sie verhalten sich dann oftmals konträr zu den an sie gerichteten Erwartungen, um ihre Selbstbestimmung zu demonstrieren.
- **Unterschiedliche Maßstäbe:** Oftmals ist das Topmanagement von den selbst initiierten Veränderungen begeistert, die Mitarbeitenden jedoch haben eine sehr viel kritischere Sichtweise. Letztlich müssen

sie die Veränderungen umsetzen und sind häufig direkter von ihnen betroffen als das Topmanagement. Das Pro und Contra von Veränderungen wird also auch subjektiv beurteilt.

- **Überlastung:** Oftmals sind Mitarbeitende in zu vielen Aktivitäten involviert, verfügen aber nicht über ausreichend Zeit und Ressourcen, um all ihre Aktivitäten auch ausführen zu können. Jede weitere Aufgabe oder Änderung bringt für sie das Fass zum Überlaufen.
- **Multibelastung:** Wenn parallel an sehr vielen unterschiedlichen Aufgaben gearbeitet wird, geht der Fokus auf die wirklich wichtigen Aktivitäten verloren.

Wie wir uns angesichts der unterschiedlichen Ursachen von Widerständen verschiedener Gruppen vorstellen können, bedarf es für den Umgang damit nicht unbedingt technischer Lösungen. Oftmals verbergen sich hinter dem Widerstand gegen Veränderungen tiefgreifende psychologische Dynamiken. Zudem gibt es oftmals mehrere Gründe für diesen Widerstand, und unser Ziel ist es, die Hauptursachen für jede Rolle zu identifizieren. Dazu müssen wir den Menschen zuhören, sie verstehen, ihnen Argumente liefern und neue Einsichten herbeiführen.

## Entwicklung des Verhaltens

Wir haben gesehen, dass die beteiligten Menschen eine wichtige Rolle bei der Gestaltung von Transformation spielen. Sie können einen Wandel vorantreiben oder ihn blockieren. Eine Entwicklung und andere Ergebnisse erzielen wir, wenn die Beteiligten beginnen, ihr Verhalten zu ändern. Transformation bedeutet also eine Veränderung, Anpassung oder Weiterentwicklung des Verhaltens der beteiligten Menschen. Die entscheidende Frage lautet daher: Wie kann sich Verhalten wirksam verändern?

Menschliches Verhalten ist ein hochspannendes Thema. Es wird von einer Vielzahl von Faktoren beeinflusst, die auf komplexe Weise miteinander interagieren und gemeinsam bestimmen, wie Menschen handeln und reagieren. Zwei Schlüsselfaktoren, die einen Einfluss auf unser Verhalten haben, sind unsere Persönlichkeit und unsere Intelligenz.

Die Persönlichkeit eines Menschen drückt sich aus in typischen Verhaltensmustern und in der Art und Weise, wie dieser in bestimmten Situationen mit der Welt interagiert, Entscheidungen trifft und sich selbst wahrnimmt. Die Persönlichkeit ist eine einzigartige und über weite Abschnitte unseres Lebens hinweg stabile Struktur.[6]

Der zweite Faktor, der unser Verhalten entscheidend prägt, ist unsere Intelligenz. Es gibt verschiedene Arten von Intelligenz wie zum Beispiel eine logisch-mathematische, sprachliche, emotionale und räumlich-visuelle Intelligenz. Menschen können in verschiedenen Bereichen unterschiedlich begabt sein, und ihre Intelligenz kann sich im Laufe der Zeit verändern.

Neben den relativ stabilen Persönlichkeitseigenschaften und der individuellen Intelligenz muss menschliches Verhalten immer auch in seinem situativen Kontext gesehen werden, wodurch es variabel und von zahlreichen weiteren Faktoren determiniert sein kann. Dazu gehören das soziale Umfeld, kulturelle Einflüsse, Motivation und Anreize, Bildung und Erziehung sowie psychologische und biologische Faktoren.

Wir können also festhalten, dass menschliches Verhalten immer von zahlreichen Faktoren geprägt ist, die gleichermaßen konstant und variabel sein können. Innerhalb einer Organisation ist das Verhalten der Akteure zudem in erheblichem Maße von der Systemumgebung, von konkreten Situationen und von sozialer Übereinstimmung, also Konformität, beeinflusst.

Konformität beschreibt unser Bestreben, unsere Handlungen, Meinungen und Einstellungen an die Gesellschaft oder Gruppe anzupassen, der wir angehören. Wir streben nach Konformität, weil wir dazugehören, respektiert und anerkannt werden wollen. Dieser Wunsch ist so stark, dass viele es vermeiden, Meinungen zu äußern, die nicht dem Mainstream entsprechen, aus Angst vor Ablehnung und Ausgrenzung. Die starke Anziehungskraft sozialer Normen prägt unser Verhalten und motiviert uns, das zu tun, was die Mehrheit tut.

Auch der Soziologe, Sozialpsychologe und Publizist Harald Welzer hat in seine Forschungsarbeit auf die Bedeutung der Konformität hingewiesen: »Man wird sich wundern, wenn man glaubt, dass alles das, was Menschen tun, einen rationalen Hintergrund hat. Weltanschauung spielt ebenfalls kaum eine Rolle … Wir handeln vielmehr auf der

Grundlage von konkreten Situationen und von sozialer Übereinstimmung, weil niemand von uns abweichen will, und schon gar nicht in Extremsituationen.«[7]

Dieses Streben nach sozialer Konformität, der Wunsch nach Zugehörigkeit und menschlicher Nähe spielt in Transformationsprozessen eine große Rolle. Denn sobald eine kritische Masse erreicht ist, die als Vorbild dienen kann, schließen sich auch die Zuschauer an. Es entsteht das Bedürfnis, Teil eines größeren Ganzen zu sein, das einen trägt und auffängt.

Um sich konform zu verhalten, nutzen Menschen unterschiedliche Strategien:[8]

1. **Orientierung an der Mehrheit:** Menschen neigen dazu, sich ähnlich wie die Mehrheit zu verhalten und sich an soziale Normen anzupassen. Verstärkt wird dieses Streben nach Konformität häufig durch das Bedürfnis nach Akzeptanz innerhalb der Gruppe, die oft höher bewertet wird als die Belohnung für ein gewonnenes Argument, der Ruf, intelligent zu sein, oder die Enthüllung der Wahrheit. Es scheint, als irrten wir uns lieber gemeinsam, als allein richtig zu liegen. Die menschliche Natur ist darauf ausgerichtet, Beziehungen zu anderen aufzubauen und zu pflegen. Es ist uns quasi in die Wiege gelegt, gut mit anderen auszukommen. Obwohl es möglich ist, dieses Programm zu ändern und sich dafür zu entscheiden, die Gruppe zu ignorieren oder sich nicht darum zu kümmern, was andere denken, erfordert dies erhebliche Anstrengungen. Der Kampf gegen Konformität bedarf eines besonderen Engagements.

2. **Orientierung an Entscheidungsträgerinnen und -trägern und wichtigen Personen:** Höherrangige Personen und Entscheidungsträgerinnen und -träger verkörpern für uns in der Regel Erfolg und Kompetenz. Wir orientieren uns an ihnen, wählen sie gar als Vorbild, weil wir hoffen, ähnlich erfolgreich zu werden oder in anderer Weise von ihnen zu profitieren. Vielleicht inspirieren sie uns oder gewähren uns Zugang zu Ressourcen – Informationen, Netzwerken –, die für uns ansonsten eher schwer zugänglich sind.

3. **Orientierung am Umfeld:** Unser Umfeld, das, was uns nahesteht, einschließlich Familie, Freunde, Kollegen, beeinflusst maßgeblich unsere Identität und unsere Werte. Durch die Orientierung an unserem Umfeld können wir herausfinden, welche Überzeugungen und Verhaltensweisen wichtig sind. Wenn wir uns mit unserem Umfeld konform verhalten, entsteht ein Gefühl der Verbundenheit und des Zusammenhalts, und dies hilft uns, wenn wir schwierige Phasen durchleben und der Unterstützung bedürfen.

## 3.4 Vergrößerung der Bewegung

Für eine erfolgreiche Transformation ist es weder möglich noch notwendig, alle Menschen einer Organisation zu begeistern und mitzunehmen. Es braucht keine Mehrheiten, um Gesellschaften und Unternehmen zu verändern oder weiterzuentwickeln. Schon 3 bis 5 Prozent einer Gruppe reichen, um eine Bewegung handlungsfähig zu machen. Diese 3 bis 5 Prozent in jeder gesellschaftlichen Schicht, Abteilung, Hierarchie, Gruppe oder Funktionseinheit sind entscheidend.[9] Es sind die Menschen, die sich für die Zukunft verantwortlich fühlen und aus allen relevanten Bereichen kommen.

Lassen Sie uns im Folgenden anschauen, wie wir diese 3 bis 5 Prozent erreichen – die Menge ist nach oben natürlich offen – und in Bewegung bringen können. Wie verändern wir ihr Verhalten? Wie werden sie Teil der Transformationsbewegung? Wir greifen dazu auf die oben vorgestellten fünf Gruppen mit unterschiedlichen Veränderungsbereitschaften zurück.

### Gruppe 1: Veränderungswillige Possibilisten

Veränderungswillige Possibilisten lieben Innovationen und verändern ihr Verhalten sehr schnell. Dies gilt allerdings für jeden neuen Impuls und kann leicht zu einer Verzettelung führen. Deswegen ist es für veränderungswillige Possibilisten wichtig, die Konsequenzen ihrer Verhaltensänderung einzubeziehen und nicht vorschnell und unbedacht zu handeln. Gerade beim Start der Transformation spielt diese Gruppe eine besondere Rolle.

### Beispiel

Irene gehörte in Peters Unternehmen zu den veränderungswilligen Possibilisten. Sie hatte in ihrer Rolle als Trainerin eine hohe Multiplikationsfunktion. Ohne Menschen wie sie hätte Peter die Veränderungen nicht anschieben können. Sie war begeistert von den neuen Produkten und der neuen Strategie des Unternehmens und konnte diese Begeisterung gut auf andere übertragen. Das war ihre beste Eigenschaft. Ein Nachteil war, dass Irene per se immer begeistert war und die Bedenken von anderen nicht ernst genug nahm. Somit konnte sie Probleme weder identifizieren noch lösen. Als sie ein Team führen sollte, hat sich das als Nachteil herausgestellt; Irene war keine gute Führungsperson, und ihr fehlte inhaltlich die Substanz. Deshalb wurde sie in einer späteren Phase wieder auf ihren ursprünglichen Trainerjob zurückgestuft.

### Tipps
*für den Umgang mit veränderungswilligen Possibilisten*

- Identifizierung der Possibilisten zu Anfang jeder Transformation.
- Präsenz von Possibilisten in den wichtigsten Kompetenzbereichen.
- Stärkung in jeder Phase der Transformation.
- Kontrolle der Kontinuität, die sie inhaltlich und in der Führung liefern.
- Coaching, wenn wenig Transformationsbereitschaft vorhanden ist.

## Gruppe 2: Traditionalisten

Traditionalisten stehen bei einer organisatorischen Transformation vor der zentralen Frage: Was wird aus *mir* im neuen System? Diese Gruppe hat eine starke Bindung an das vertraute System, und nun überkommt sie das Gefühl, ihre bisherige Identität sei nicht mehr stimmig und sie finde im neuen System keinen Platz.

Klaus Eidenschink betont in diesem Kontext: »Der Schritt, die alte Identität loszulassen, bleibt aber notwendig. Und das geht nie ohne Trauer, ohne Schmerz und ohne Angst. Das ist [...] der Grund, warum so viele Veränderungsvorhaben scheitern. Auch [gibt es] Kräfte [...], die schon ahnen, dass das alte ›Ich‹ in der Zukunft Probleme bekommen wird. Aber das zukünftige Leiden stellt nie die gegenwärtige Identität infrage. Dazu braucht es Leiden in der Gegenwart. Und um leiden zu können, braucht es innere Stabilität, die vom Betrachter nicht vorausgesetzt werden darf.«[10]

Die Herausforderung eines Wandels besteht für Traditionalisten also darin, einen Teil ihrer alten Identität loszulassen. Dieser Schritt ist unumgänglich und geht nie ohne die Konfrontation mit negativen Gefühlen einher.

Die Widerstände von Traditionalisten können wir in der Regel nur langsam abbauen. Das liegt dann nicht daran, dass die Argumente für das Neue zu schwach wären, denn Traditionalisten sind nicht per se gegen das Neue. Sie wissen nur nicht, wer sie sind und wo sie sich verorten können, wenn das Alte nicht mehr gilt. Sie müssen langsam in die neue Welt getragen werden und brauchen eine hohe Verbindlichkeit. Wenn Traditionalisten einen verlässlichen Gegenpart haben, können sie langsam neue Traditionen aufbauen. Sie müssen in ihrer Identität verstanden und anerkannt werden. Es lohnt sich, mit ihnen viele Gespräche zu führen und sie in ihrer Identität zu verstehen und anzuerkennen.

### Beispiel

Hans ist seit 30 Jahren in der Logistik in Peters Unternehmen tätig. Er hat viele Veränderungsphasen durchlebt, hat immer sein Ding gemacht und nichts verändert, wie er oft und gerne betonte. Die neuen Produkte brachten nun zwangsläufig Veränderungen mit sich, die Hans nicht schätzte. Vordergründig gab er sich zwar offen, faktisch konzentrierte er sich aber auf seine Stärken im klassischen Produktbereich und vernachlässigte die neuen Produkte. Damit waren Probleme vorprogrammiert. Peter suchte das Gespräch mit Hans und stellte ihn vor die Wahl: Veränderung oder Trennung. Hans war erschrocken, aber bereit, sich mit der Unterstützung eines Coaches zu öffnen. Das Ergebnis war nicht perfekt, aber tragbar. Für die Innovation wurde später ein neuer Mitarbeiter von außen ins Unternehmen geholt.

### Tipps
*für den Umgang mit Traditionalisten*

- Stärkung der Traditionalisten in den Werten und Elementen, die weiter im Unternehmen Bestand haben sollen.
- Nahe Führung, intensives Zuhören und offener Dialog, damit auch der kleinste Veränderungswillen identifiziert und genutzt werden kann.
- Einbeziehung in kleine Projekte der Transformation.
- Zuweisung von Verantwortung in kleinen Transformationsprojekten.
- Positives Feedback bei der Umsetzung neuer Traditionen.
- Keine Traditionalisten in Innovationsfunktionen!

## Gruppe 3: Neutrale Beobachter

Die neutralen Beobachter bilden in der Regel die größte Personengruppe im Unternehmen. Sie neigen dazu, Veränderungen zu vermeiden, da es für sie angenehmer ist, die Dinge so zu belassen, wie sie sind, als sich an neue Situationen anzupassen. Die Mitglieder dieser Gruppe sind in ihren Gewohnheiten verwurzelt und fühlen sich in ihrer Komfortzone wohl. Sie scheuen sich davor, zusätzliche Anstrengungen zu unternehmen, um neue Fähigkeiten zu erwerben oder ihre Denkweise zu ändern. Veränderung bedeutet für sie, vertraute Routinen aufzugeben und neues Wissen und neue Verhaltensweisen zu erlernen.

Besonders zu Beginn einer Veränderungsphase kann dies eine Herausforderung darstellen, da neue Verhaltensweisen in der Regel nicht so reibungslos ablaufen wie die bekannten Routinen. Dadurch fühlen sich die Mitarbeitenden oft überfordert oder sind unsicher im Umgang mit neuen Prozessen oder Technologien. Sie sehen keinen persönlichen Vorteil darin, ihre Arbeitsweise zu ändern, und leisten daher passiven Widerstand gegen den Wandel.

Die Tendenz, sich dem Wandel zu widersetzen, entspringt bei dieser Gruppe dem Bedürfnis nach Bequemlichkeit und der Angst vor dem Unbekannten. In diesem Widerstand liegt eine Barriere, die es zu überwinden gilt, um eine erfolgreiche Transformation und Weiterentwicklung zu ermöglichen.

Die neutralen Beobachter sind in ihrer Gleichgültigkeit nicht so leicht zu bewegen. Sie brauchen in der Regel klare Ansagen, was die Erwartungen an sie sind und was sie konkret umsetzen müssen.

Für diese Gruppe sind Gewohnheiten mehr als alltägliche Tätigkeiten – sie sind ein wesentlicher Teil ihrer Identität. Wenn sie sich verändern wollen, suchen sie nach neuen Gewohnheiten, die ihnen helfen, ihre Aufgaben mit minimalem Energieaufwand zu erledigen. Es ist wichtig zu verstehen, dass der Prozess der Verhaltensänderung immer mit dem Bewusstsein beginnt. Man muss sich seiner Gewohnheiten bewusst werden, um sie ändern zu können.

### Beispiel

Die Anzahl der neutralen Beobachter in Peters Unternehmen war riesig. Nach und nach und mit den ersten sichtbaren Erfolgen der Transformation gewann Peter die meisten von ihnen. In vielen Townhall-Meetings, Videobotschaften und Gesprächen wurden die Hindernisse und Erfolge immer wieder kommuniziert. Die meisten Mitarbeitenden konnten sich nicht entziehen und machten dann einfach mit. Es gefiel ihnen, wirksam mitgestalten zu können. Ein wichtiger Bestandteil dieser Arbeit war auch, klare Transformationskennzahlen zu definieren. In dem Unternehmen waren es nur fünf Kennzahlen, die leicht zu verstehen und zu kommunizieren waren. Dass diese Kennzahlen sich positiv entwickelten, hat der Transformation der neutralen Beobachter eine Dynamik gegeben. Jede und jeder wollte schlussendlich Teil des Erfolges sein.

**Tipps**
*für den Umgang mit neutralen Beobachtern*

- Die stillen Beobachter aus der Reserve locken, um ihre Gleichgültigkeit zu lösen.
- Positive Verstärkung bei Erfolgen.
- Häufige und emotionale Kommunikation, um Begeisterung zu entfachen.
- Einbeziehung in Transformationsprojekte.

## Gruppe 4: Taktische Optimisten

Taktische Optimisten leisten Widerstand, sobald sie den Eindruck haben, dass sich ihre Investitionen nicht auszahlen. Ihre Ablehnung von Veränderungen zeigt sich vor allem dann, wenn sie keinen persönlichen Nutzen darin erkennen können. Diese Gruppe verfolgt in erster Linie ihre eigenen Interessen und wird erst dann aktiv, wenn sie davon überzeugt ist, dass sie durch eine Transformation mehr Anerkennung und Erfolg als zuvor erfährt.

Taktische Optimisten sind in der Regel nicht grundsätzlich gegen Veränderungen, sondern agieren vorsichtig und schützen sich selbst. Der Widerstand, den sie zeigen, beruht auf der Sorge um ihre Privilegien, ihren Status, ihre Sicherheit, ihre Macht oder ihr Ansehen in der Organisation. Die Angst, diese erworbenen Vorteile zu verlieren, treibt ihren Widerstand gegen Veränderungen an.

Taktische Optimisten sollten wir für die Veränderungen gewinnen, auch wenn wir wissen, dass wir sie im Laufe der Transformation wieder verlieren können, wenn Veränderungen nicht mehr opportun sind für sie. Bei ihnen müssen wir besonders aufpassen, dass sie nicht zu negativen Manipulierern werden, sobald sie sich keinen Vorteil mehr von den Veränderungsprozessen erhoffen.

## Beispiel

Der Vorstand des Automobilkonzerns hatte seine gesamte Führungsmannschaft sowie weitere 100 Personen und Berater zu einer Veranstaltung in einem Forum eingeladen. Es war ein Ereignis voller Erwartungen und Hoffnungen, ein Moment, der den Kurs des Unternehmens bestimmen sollte.

Mit einer außergewöhnlichen Rede zum Thema Wandlungsfähigkeit und Flexibilität trat der Vorstand vor die versammelte Mannschaft. Seine Worte hallten durch den Raum, durchdrungen von der Dringlichkeit des Wandels und der Notwendigkeit, sich den Herausforderungen der Zeit zu stellen. »Wir stehen vor zwei entscheidenden Herausforderungen«, erklärte er mit Nachdruck. »Geschwindigkeit und Flexibilität. Wir müssen uns anpassen können, wir müssen schnell sein. Das ist das Fundament, auf dem unser Erfolg ruht. Denn, meine Damen und Herren, wir spielen nicht einfach nur in der Liga der Besten – wir sind Champions, und das verlangt von uns, jeden Tag unser Bestes zu geben.«

Seine Worte waren ein Appell an die Mannschaft, ein Aufruf zum Handeln und zur Selbstreflexion. Einige Abteilungsleiter aus dem Publikum zeigten durch ihre Fragen, dass sie bereits an den Themen arbeiteten und engagiert waren. Doch neun Monate später wechselte der Vorstand und die Appelle klangen nach und nach aus. Die Bemühungen, die in jenem inspirierenden Moment begonnen hatten, schienen vergeblich gewesen zu sein – ein Zeugnis für die Flüchtigkeit des Engagements der taktischen Optimisten und die Herausforderungen, die mit dem Wandel einhergehen.

## Tipps

*für den Umgang mit taktischen Optimisten*

- Herausstellen von Transformationsleistungen der taktischen Optimisten.
- Einbeziehung in Teilprojekte der Veränderung, über die sie glänzen können.

- Regelmäßiges Feedback geben, damit sie sich gesehen fühlen.
- Gut beobachten, ob sich der Wind bei den taktischen Optimisten dreht.
- Keine Besetzung zentraler Transformationspositionen mit taktischen Optimisten.
- Förderung und Forderung von Partizipation durch die oberste Leitung.

### Gruppe 5: Strategische Pessimisten

Wenn man strategische Pessimisten mit neuen Veränderungs- oder Transformationsprojekten konfrontiert, erntet man gerne bissige Kommentare: »Gelesen, gelacht, gelocht«, also letztlich abgeheftet und vergessen. Ihr Eindruck ist, dass sich der ganze Aufwand, den ein Wandel erfordert, nicht lohnt. Sie sehen viele Eigeninteressen am Werk und bezweifeln, dass das System tatsächlich verbessert wird. Häufig haben sie bereits die Erfahrung gemacht, dass die Ziele und Ergebnisse von Veränderungsprojekten verpuffen, weil die langfristige Beharrlichkeit fehlt oder auch weil Veränderungsprojekte schlichtweg nicht funktionieren. In ihnen hat sich eine Veränderungsmüdigkeit eingestellt, die es zu überwinden gilt. Dies lässt sich nicht allein durch Umdenken und Diskussion erreichen. Menschen neigen nicht dazu, sich aufgrund cleverer Argumente zu ändern oder weiterzuentwickeln. Argumente können höchstens als Auslöser dienen. Die Gruppe der strategischen Pessimisten erlebt die effektivste Verhaltensänderung durch dissonante Erfahrungen, wenn also ihre aktuellen Erlebnisse nicht mehr mit ihren Paradigmen, Erzählungen und inneren Vorstellungen übereinstimmen. Diese Erfahrung machen sie dann, wenn sie realisieren, dass sich das Unternehmensklima tatsächlich drastisch verändert und neue Entwicklungen erste Früchte tragen. In solchen Momenten werden sie offener für Fragen und beginnen, die Dringlichkeit einer Veränderung zu spüren. Es geht darum, dass sie nicht nur denken, sondern auch intensiv fühlen. Durch diese intensivierten emotionalen Erfahrungen werden die Menschen sensibler für Verhaltensänderungen.

## Beispiel

In Peters Unternehmen gab es zahlreiche strategische Pessimisten. Der Umgang mit ihnen war schwer für Peter, denn sie blockierten den Transformationsprozess. Oft hörte man: »Das haben schon ganz andere versucht«, »In der Vergangenheit hat sich daran schon jemand die Zähne ausgebissen«, »Das wird nicht funktionieren, wir können uns als Unternehmen nicht verändern«. Auch unter den Führungskräften gab es strategische Pessimisten, was Peter besonders viele Sorgen bereitete. Diese multiplizierten ihren Pessimismus. Nach ein paar Monaten trennte Peter sich von einigen, andere versetzte er auf Positionen, in denen sie ihren Pessimismus weniger verbreiten konnten. Eine weitere Gruppe von Mitarbeitenden veränderte ihre Haltung auf dem Transformationsweg auch. Und eine Mitarbeiterin kündigte nach ein paar Monaten mit der Begründung, die sich im ganzen Unternehmen verbreitete: »Das Unternehmen hat wie schon in den letzten zehn Jahren keine Chance, sich zu verändern. Ich will beim Untergang nicht zuschauen und verlasse das Unternehmen.« An diesem Tag ging die Transformation ein paar Schritte zurück, weil diese Aussagen viele verunsicherten. An anderen Tagen ging es aber viele Schritte voran.

### Tipps

*für den Umgang mit strategischen Pessimisten*

- Den Widerständen nicht zu viel Beachtung schenken.
- Strategische Pessimisten mit dissonanten Erfahrungen konfrontieren.
- Erste Erfolge sprechen lassen.
- Trennung von pessimistischen Mitarbeitenden, wenn ihre Multiplikationskraft zu hoch ist.

## Fazit

Innerhalb der fünf genannten Gruppen eines Veränderungsprozesses sind die veränderungswilligen Possibilisten die treibenden Kräfte des Wandels. Sie sind oft die Initiatoren einer Bewegung. Erstaunlicherweise finden sie auf natürliche Weise zueinander. Um diese Bewegung zu beschleunigen, haben sich Vernetzungsveranstaltungen in der gesamten Organisation als äußerst wirksam erwiesen, die der Transformation eine Plattform geben. So wird das »Projekt Wandel« allmählich sichtbar. Zudem erzeugen solche Events Zaungäste, die aufmerksam beobachten und sich gegebenenfalls der Bewegung anschließen.

Der Schlüssel zu einer erfolgreichen Mobilisierung im Unternehmen liegt in der Schaffung einer Basisbewegung, die vom mittleren Management und prominenten Unterstützern getragen wird. Außenstehende werden erkennen, dass es sich lohnt, über den alltäglichen Egoismus hinauszugehen, um Teil einer größeren Dynamik zu werden.

Hier kommt der Faktor Konformität besonders zum Tragen. Zunächst orientiert man sich an den Entscheidungsträgerinnen und -trägern und wichtigen Persönlichkeiten im Unternehmen. Wenn die Bewegung an Dynamik gewinnt und die Botschaften verständlicher werden, schließen sich immer mehr Menschen der Bewegung an. Die taktischen Optimisten sind schnell gewonnen, wenn sie sehen, dass ihre Führungskräfte den Wandel begrüßen. Sobald die Bewegung eine kritische Masse erreicht hat, schließen sich auch die Zaungäste aus der Gruppe der neutralen Beobachter immer mehr an. Der Wunsch nach Zugehörigkeit, menschlicher Nähe und Verbundenheit wird entscheidend. Man möchte sich als Teil eines größeren Ganzen fühlen, in dem man fest verankert ist und das einem Halt gibt.

Ab einem gewissen Punkt kennt die Bewegung zwei Gruppen: die Veränderungswilligen und die Stabilitätsaffinen. Beide Gruppen nehmen häufig Perspektiven ein, die im Widerspruch zueinanderstehen und somit der Versöhnung bedürfen. Unserer Erfahrung nach funktioniert eine solche Versöhnung durch eine besondere Art der Kommunikation: nicht von oben herab, sondern als Einladung. Man muss es schaffen, in den Veränderungswilligen und Stabilitätsaffinen Neugierde zu wecken und eine offene Haltung zu fördern, sodass sie für einen Dialog und für Resonanz bereit sind.[11] In diesem Zusammenkommen soll es jedoch nicht um eine pädagogische Maßnahme gehen, sondern um das wechselseitige Erkunden des anderen. Ein hervorragender erster Schritt auf diesem Weg wäre es, mit Gemeinsamkeiten zu beginnen: Was verbindet uns eigentlich, was sind die gemeinsamen Erfahrungsebenen, was ist unser gemeinsamer Leidensdruck? Auf diesen Gemeinsamkeiten kann man aufbauen, hieran kann man anknüpfen.

## 3.5 Praktische Empfehlungen und Tipps

**Schaffen Sie zunächst eine kleine Bewegung:** Zumindest bei den wichtigsten Akteuren der Organisation sollte ein Bewusstsein für die anstehenden Herausforderungen bestehen. Es muss eine kritische Masse erreicht werden, die bereit ist zu handeln. Diese Masse verbreitet das Thema in der Organisation. Mobilisieren Sie die Bewegung, und vertrauen Sie darauf, dass Verhalten ansteckend ist.

**Holen Sie die richtigen Personen ins Boot:** Um eine Bewegung innerhalb der Organisation zu initiieren, ist es entscheidend, die richtigen Mitstreiterinnen und Mitstreiter an Bord zu holen. Besonders wichtig sind dabei Persönlichkeiten, die in der Organisation eine herausragende Rolle spielen – selbst dann, wenn sie der Sache kritisch gegenüberstehen. Dazu gehören Personen, deren Verhalten in der Organisation aufmerksam verfolgt wird, Wissens- und Erfahrungsträger, deren Beitrag Sie berücksichtigen sollten, sowie Meinungsbildner, die bedeutenden Einfluss haben.

**Sprechen Sie unterschiedliche Gruppen mit jeweils passenden Botschaften an:** Wenn wir die Menschen in einer Organisation zur Veränderung motivieren wollen, müssen wir unterschiedliche Ansätze wählen. Nicht jeder wird mit den gleichen Bildern, dem gleichen Sound oder der gleichen Erzählung erreicht. Transformation kann nicht von oben nach unten verordnet werden, sondern muss die Menschen von unten nach oben inspirieren und motivieren. Nutzen Sie unterschiedliche Herangehensweisen für unterschiedlich veränderungswillige Gruppen. Damit erhöhen Sie die Wahrscheinlichkeit, bestehende Widerstände zu überwinden.

**Organisieren Sie Sonderveranstaltungen:** Organisieren Sie spezielle Veranstaltungen mit den Hauptakteuren der Organisation, um über die Dringlichkeit von Veränderungen zu sprechen. Das bedeutet, dass Sie und andere Schlüsselpersonen deutlich machen, warum eine Transformation notwendig ist und was passieren kann, wenn nicht sofort gehandelt wird. Bitten Sie die Teilnehmenden des Treffens, alle relevanten Punkte aufzulisten, die derzeit oder in naher Zukunft der Veränderung bedürfen, um das Wohl des Unternehmens zu wahren.

**Beziehen Sie die positiven und negativen Emotionen der Mitarbeitenden ein:** Emotionen sind laut Klaus Eidenschink das grundlegende Resonanzorgan[12] des Menschen, das uns auf der Wahrnehmungsseite mit der Welt verbindet. Daher ist es entscheidend, dass Führungskräfte in Transformationsprojekten entweder über ein gutes Verständnis im Umgang mit Emotionen verfügen oder die Hilfe von Beratern in Anspruch nehmen, um die Mitarbeitenden zu begleiten.

Ohne einen professionellen Umgang mit Emotionen ist ein wirkliches Loslassen von Altem und ein Einlassen auf Neues kaum möglich.[13] Werden Emotionen unterdrückt, nicht wahrgenommen oder verleugnet, wird dies über kurz oder lang zu Konflikten führen, die einem Wandel schaden oder diesen gar vereiteln. Deshalb ist es wichtig, nicht nur den Umgang mit positiven Emotionen zu beherrschen, sondern auch negative Emotionen als Reaktion auf unbewusste Motive deuten zu können.

**Vernetzen Sie das Expertenwissen im Unternehmen:** Schaffen Sie Arbeitsumgebungen, in denen Menschen aus unterschiedlichen Funktionen und Sektoren zusammenkommen, sich austauschen und gemeinsam neue Denkansätze entwickeln – und diese in der Praxis erproben können. Dazu bedarf es ausreichender zeitlicher und finanzieller Ressourcen sowie eines geschützten Innovationsraums.

# *Kapitel 4* Orientieren – Instrumente der Zukunftsgestaltung

Im vorangegangenen Kapitel haben wir aufgezeigt, dass die Transformation eines Unternehmens dann am besten gelingt, wenn wir deren Akteure bei dieser Entwicklung mitnehmen und aus einzelnen Initiativen eine Bewegung wird. Wenn dies gelungen ist und in der Organisation Aufmerksamkeit und Bewegung entstanden sind, stellt sich die Frage: Welche Zukunftsvorstellung soll entstehen? Und wie kann sichergestellt werden, dass sich alle Beteiligten in dieselbe Richtung bewegen?

Die zentrale Herausforderung bei der Beantwortung dieser Fragen besteht darin, dass der Weg in die Zukunft weder planbar noch linear ist. Transformation ist ein Prozess des Entdeckens und Experimentierens, und dieser Prozess verläuft nicht gradlinig, sondern als suchender, iterativer und zyklischer Gestaltungsprozess mit offenem Ausgang. Transformation ist immer von Unschärfe geprägt, insbesondere im Hinblick auf das Vorgehen. Der Weg ist nicht klar vorgezeichnet und nur durch wiederholtes experimentelles Vorgehen kann die Transformation schrittweise voranschreiten. Um die vielfältigen Möglichkeiten der Zukunft auszuloten und eigene Gestaltungsspielräume sichtbar zu machen, ist visionäres, utopisches und imaginatives Denken gefragt.

Diese Fähigkeit, sich eine Zukunft vorzustellen, ist eine einzigartige menschliche Gabe, die uns von vielen anderen Lebewesen unterscheidet. Jeder Mensch kommt mit der geistigen Fähigkeit zur Welt, sich verschiedene und sogar weit entfernte Zukünfte vorstellen zu können. Dennoch nutzen wir – von wenigen Ausnahmen abgesehen – diese Gabe selten und schon gar nicht in ihrem vollen Potenzial. Die deutsch-französische Politikwissenschaftlerin und Zukunftsforscherin Florence Gaub[1] spricht hier von einer »schlafenden Superkraft«, die wir allzu oft vernachlässigen.

Natürlich versuchen Unternehmen immer wieder, ihre Vorstellungen von einer besseren Zukunft zu kommunizieren. Doch die meisten dieser Visionen, die der Öffentlichkeit und den Mitarbeitenden präsentiert werden, sind für das Transformationsvorhaben nicht geeignet. Viele dieser Visionen sind technologische Utopien, gespickt mit beeindruckenden Fakten und Zahlen, die sich vor allem an das Interesse der Aktionäre richten. Doch vermögen sie auch, eine Vision für die Zukunft zu präsentieren, eine Sehnsucht zu wecken, auf die sich die Menschen freuen können?

Eher scheint es, dass viele visionäre Papiere uns sagen wollen, was wir wollen *sollen*, anstatt uns zu fragen, was wir wirklich wollen. Viele wichtige Fragen bleiben in diesen Dokumenten unbeantwortet wie:

- Wer wollen wir in der Zukunft sein?
- Welche Relevanz haben wir zukünftig für die Gesellschaft?
- Welchen Beitrag für die Welt möchten wir leisten?
- Was erwartet die Welt von uns?
- Welche Position wollen wir in der Zukunft einnehmen?
- Welche Ziele setzen wir uns, und welches Problem lösen wir wirklich?
- Wie können wir die Kundenprobleme auch in Zukunft adäquat lösen?
- Was müssen wir tun, damit unsere Kundinnen und Kunden unsere Lösungen und Angebote auch zukünftig als Nutzen und damit als Wert erkennen?

Es ist wichtig, dass wir uns kritisch mit der Art und Weise auseinandersetzen, wie wir Zukunft bisher gestaltet haben. Wir sollten uns fragen, ob der bisherige Ansatz für die anstehenden Transformationen ausreichend ist. Und schließlich: Wie können wir die derzeitige Praxis ändern und ergänzen, um die zentralen Zukunftsthemen erfolgreich zu gestalten? Davon wird es abhängen, ob ein Unternehmen, eine Organisation auch in der Zukunft Bestand hat und lebensfähig ist. Denn der Zweck von Transformationen liegt ja nicht darin, Unternehmen aus einem reinen Veränderungswillen heraus zu modifizieren, sondern darin, ihre Zukunftsfähigkeit zu gewährleisten. Dies ist eine primäre Aufgabe des Managements, hierin liegt seine Verantwortung: die Organisation so zu gestalten, zu führen und zu entwickeln, dass sie lebensfähig und zukunftsfähig bleibt. Wie wir in Kapitel 3 gesehen haben, funktioniert dies nur in einem offenen Austausch und Dialog.

## 4.1 Warum Visionen für die Zukunftsgestaltung wichtig sind

Die Relevanz einer Unternehmensvision wird häufig unterschätzt oder als esoterische Spielerei abgetan. Dabei spielt die Vision bereits bei der Gründung eines Unternehmens eine entscheidende Rolle. Ohne eine klare Vorstellung vom langfristigen Unternehmenszweck erübrigt sich die Gründung. Und dies setzt sich in jeder Phase des Unternehmenslebens fort. Ohne Zukunftsvision ist unternehmerisches Tun ein Sich-treiben-Lassen im Strom.

Eine klare Unternehmensvision bildet also die Grundlage für eine nachhaltige Entwicklung und ist unerlässlich für jede Organisation. Auch tradierte Unternehmen, die über Jahrzehnte hinweg erfolgreich waren und auf Stabilität setzen, müssen sich bewusst sein, dass Beständigkeit schnell in Instabilität umschlagen kann.

Mithilfe von Visionen bleiben wir in Kontakt mit der Zukunft, sie bieten uns Orientierung und eröffnen geistige Möglichkeitsräume[2], ohne einem festen Plan zu folgen. Sie kreieren Bilder und Vorstellungen, idealerweise wecken sie Emotionen, motivieren und steigern die Identifikation der Akteure mit dem Unternehmen. Gerade in herausfordernden Situationen können positive Visionen und inspirierende Vorstellungen Hoffnung geben, Sinn stiften und den Zusammenhalt in einer Gemeinschaft enorm stärken. Visionen eröffnen gedankliche Möglichkeitsräume, ohne an strikte Vorgaben gebunden zu sein.

So viel zur Theorie. Warum Visionen in Unternehmen in der Praxis dennoch nicht funktionieren, schauen wir uns im Folgenden an einigen realen Beispielen an, die jeweils aus dem Erfahrungsschatz der Autorin und des Autors heraus erzählt werden. Anschließend diskutieren wir mögliche Lösungsansätze, wie diese Herausforderungen überwunden werden können.

## Visionen ohne Zugkraft – Beispiele

### Beispiel 1: Familienunternehmen

Zum Auftakt der Neudefinition der Unternehmensvision hatte man mich eingeladen, eine Keynote zum Thema Visionen zu halten. Ich stand also vor 150 Führungskräften eines großen Familienunternehmens und sprach über die Magie der gemeinsamen Bilder, über Wünsche, Ziele und Unternehmenszweck. Ich gab ein paar Beispiele von Visionen anderer Unternehmen. Und je länger ich sprach, desto mehr Begeisterung konnte ich im Publikum wahrnehmen. Ich blickte in strahlende Augen, in denen sich so etwas wie die Sehnsucht nach »Großem« spiegelte.

Nur eine Person im Saal war sichtlich unzufrieden: der Gründer und CEO des Unternehmens, der in der ersten Reihe saß und nervös auf seinem Stuhl hin und her rutschte. Nach 20 Minuten hielt er es augenscheinlich nicht mehr aus, stand auf und stürmte zu mir auf die Bühne. Er entriss mir das Mikrofon und brüllte: »Wenn hier über Visionen gesprochen wird, dann ja wohl nicht über Muhammed Ali oder Steve Jobs, sondern bitte sehr über mich und meine Visionen, mit denen ich dieses Unternehmen aufgebaut habe.« Ich, ich, ich. Nach diesem emotionalen Ausbruch listete er in den folgenden 45 Minuten seine Ziele und Erfolge der vergangenen 20 Jahre auf. Ich stand etwas konsterniert daneben und traute meinen Ohren nicht. Das Publikum war ähnlich irritiert, applaudierte aber brav nach der Rede des CEOs.

Sie ahnen es: Die besagte Auftaktveranstaltung war kein Erfolg – sie war ein Führungsmeeting wie viele andere. Der darauffolgende Entwicklungsprozess zur Neudefinition der Unternehmensvision war, wie erwartet, mühsam und zäh. Nach der Kick-off-Veranstaltung und dem Auftritt des Seniors war allen Führungskräften klar, dass die neue Vision durch die Vergangenheit dominiert und auf den Gründer und CEO zentriert sein würde. Niemand in der Geschäftsführung wagte es mehr, »groß« zu träumen und zu denken. In einem monatelangen und sehr teuren Visionsprozess wurden zahlreiche Metaplanwände gefüllt, wechselnde Changeberater hinzugezogen und unzählige Arbeitsstunden investiert. Die Führungskräfte nahmen zwar teil, aber ohne Begeisterung und Energie. Es war ein Projekt wie viele andere, das abgearbeitet werden musste. Als die neue Vision schließlich definiert war, wurde sie in eine Schublade gelegt und letztlich nie mehr angeschaut.

### Fazit

Dies ist ein Beispiel dafür, wie vielleicht gut gemeinte Visionsarbeit nicht zum Erfolg führt. Denn bei der Entwicklung einer Vision haben große Egos keinen Platz und die Vergangenheit auch nur sehr begrenzt. Eine Vision muss kühne und neue Träume und Gedanken beinhalten, muss Grenzen sprengen, der Stein »muss weit nach vorne geworfen werden«. So kann im Unternehmen und bei den Mitarbeitenden ein Gefühl der Teilhabe an etwas ganz Großem entstehen. Dann hat eine Vision die Kraft, für die Mitarbeitenden ein gemeinsames Boot zu werden, für das sich alle gleichermaßen in die Riemen legen und ihr Bestes geben.

## Beispiel 2: Konzern

Für die deutsche Automobilindustrie war der Begriff Transformation lange Zeit ein Fremdwort. Der Begriff war im Sprachgebrauch der Unternehmen schlichtweg nicht vorhanden. Die einzige Herausforderung der Branche bestand darin, Autos zu optimieren und deren Effizienz und Effektivität ständig zu steigern. Dadurch wurden die Fahrzeuge immer besser, sicherer, schneller, schöner, größer und vielfach auch teurer.

Etwa vor 15 Jahren, als die Digitalisierungswelle in sämtlichen Zweigen der deutschen Industrie als bahnbrechender Treiber wahrgenommen wurde und Zukunftsforscher für die nächsten zehn Jahre das selbstfahrende Auto prognostizierten, tauchte der Begriff der Transformation plötzlich auf der Bühne der deutschen Automobilhersteller auf. Nun wurde inflationär jede Form von Veränderung als Transformation bezeichnet.

Doch wie bleibt man ein Premiumanbieter für individuelle Mobilität, wenn man in einer digitalen Welt keinerlei Kundendaten hat? Bis dato hatten sich in der Automobilindustrie schließlich die Händler darum gekümmert. Es war also zweifellos eine Transformation erforderlich.

Leichte Optimierungen würden zukünftig nicht mehr genügen, um individuelle Mobilität zu gewährleisten.

Ein Kernstück solcher Transformationsprozesse war die Kreation einer – gerne englischsprachigen – Vision, die dann zum Beispiel getitelt war mit »Customer-centric high-tech mobility company«.[3] Diese Vision und Begrifflichkeit, die wahrscheinlich im stillen Kämmerlein des Topmanagements unter Beteiligung externer Berater entstanden war, kam bei den Mitarbeitenden des betreffenden Unternehmens nicht an. Sie waren völlig überfordert. Einige Mitarbeitende waren nicht einmal in der Lage, den komplizierten Anglizismus auszusprechen. Zudem stellte man sich die Frage, wie Automobilunternehmen, die über Jahre rein technische Produktionsunternehmen waren und die Kundenarbeit in der Regel an die Händler ausgelagert hatten, nun zu einem kundenzentrierten Hightech- und Digitalunternehmen werden können. Auf den PowerPoint-Folien machen sich solche Ideen gut, aber bei den Mitarbeitenden kommen sie nicht gut an.

## Warum Zukunftsbilder scheitern – elf Gründe

Es gibt zahlreiche Analysen und Forschungsergebnisse, die zeigen, dass die herkömmlichen strategischen Ansätze in der heutigen Unternehmenslandschaft an Strahlkraft verloren haben. Eine Analyse des *Harvard Business Managers* kommt zu dem ernüchternden Ergebnis, dass über 67 Prozent aller strategischen Vorhaben aufgrund mangelnder Umsetzung und Kommunikation scheitern.[4]

Auch das amerikanische Wirtschaftsmagazin *Inc.* führte eine Umfrage unter Führungskräften von 600 Unternehmen durch. Dabei sollte die Führungsebene einschätzen, wie viele Mitarbeitende mit den drei vorrangigen Unternehmensprioritäten vertraut sind. Die Antwort der Führungskräfte lautete 64 Prozent. Tatsächlich konnte jedoch kaum ein Mitarbeiter oder eine Mitarbeiterin die Unternehmensziele benennen, die Realität lag gerade einmal bei 2 Prozent.[5]

Es offenbart sich somit eine deutliche Diskrepanz zwischen der Planung auf Führungsebene und der effektiven Umsetzung auf operativer Ebene. In einer Ära der Hyperkomplexität gestaltet sich die Erstellung eines Masterplans äußerst anspruchsvoll. Es ist nahezu unmöglich, einen Plan zu entwerfen und ihn für einige Jahre in die Schublade zu legen, denn die Märkte sind zu volatil geworden und die Kundenwünsche zu dynamisch. In der Wirtschaft stehen wir zunehmend vor Systemen, die undurchsichtig, selbstregulierend, unvorhersehbar und nicht linear agieren.

Aus unserer Erfahrung in zahlreichen Organisationen und Unternehmen gibt es im Kern elf Gründe, weshalb man bei der Formulierung und Umsetzung von Visionen nicht überzeugend ist:

1. **Die Notwendigkeit eines Zukunftsbildes wird nicht gesehen, weil es dem Unternehmen gut geht.**
   Wenn ein Unternehmen gut läuft und finanziell erfolgreich ist, kann es verlockend sein, sich auf dem gegenwärtigen Erfolg auszuruhen und keine Anstrengungen zu unternehmen, um eine Vision für die Zukunft zu entwickeln. Warum Zeit und Ressourcen für etwas aufwenden, das im Moment keinen Einfluss auf den Geschäftserfolg hat?

2. **Die Visionen und Zukunftsbilder sind nicht anschlussfähig.**
   Die meisten Zukunftsbilder und Unternehmensvisionen orientieren sich mehr an den Shareholdern als an den Mitarbeitenden. Durch die starke Fokussierung auf die Shareholder lesen sich die meisten dieser sogenannten »Strategien« wie eine Aneinanderreihung von tausendfach gehörten Phrasen, unter die man jeden beliebigen Firmennamen setzen könnte. Schlagwörter wie Innovation, Nachhaltigkeit, Kundenorientierung, Profitabilität und Wachstum vermögen Mitarbeitende nicht zu begeistern, weil sie abstrakt, nichtssagend, austauschbar und damit wirkungslos sind.

3. **Die Vision emotionalisiert nicht.**
   In der heutigen Welt der Unternehmensplanung ist die Verwendung von Excel-Tabellen zur Berechnung und Modellierung der Zukunft allgegenwärtig. Die Planung erfolgt akribisch, jede Zahl wird sorgfältig analysiert, jeder Aspekt in einer Zahlenlogik abgebildet. Das Ergebnis dieser Arbeit landet auf einer glänzenden PowerPoint-Folie, die den Mitarbeitenden präsentiert wird. Ja, die Verwendung von Zahlen suggeriert eine vermeintliche Sicherheit. Sie erweckt den Anschein, dass

die Daten eine solide Basis für zukünftige Entscheidungen bilden und rechtfertigen. Doch objektive Fakten allein reichen nicht aus. Eine Argumentation, die auf Zahlen basiert, kann informieren, aber nicht inspirieren. Es fehlt eine emotionale Resonanz.

4. **Die Entscheidungsträgerinnen und -träger leiden unter »Zukunftsvergessenheit«.**
   Viele Entscheidungsträgerinnen und -träger bringen im Verhältnis zu ihren operativen Aufgaben viel zu wenig Zeit für die Zukunft auf, da sie kontinuierlich mit aktuellen Krisen und operativen Themen konfrontiert sind. Sie leiden unter dem Phänomen der »Zukunftsvergessenheit«[6]. Obwohl sie erkennen, dass eine intensivere Auseinandersetzung mit der Zukunft notwendig wäre, gestatten Zeitknappheit und Komplexität es ihnen nicht, diesem Anspruch gerecht zu werden.

5. **Die Vision ist im Alltag nicht präsent und relevant.**
   Die Mechanismen, die das Tagesgeschäft lenken, sind außerordentlich mächtig, da sie den Erfolg von gestern und heute finanzieren. Schließlich gilt es täglich, die Löhne zu sichern. Also widmet man dem operativen Geschäft eine hohe Aufmerksamkeit und priorisiert es. Häufig werden kurzfristige Ziele oder dringende Aufgaben bevorzugt, ohne zu reflektieren, wie sie sich in das langfristige Visionsszenario einfügen. Man lässt sich von der Tagesordnung treiben, statt das große Ganze zu sehen. Das Zukunftsbild bleibt unsichtbar und verschwindet in der Schublade.

   Ein weiterer Grund liegt darin, dass auch unser Umfeld einer visionären Denkweise oft entgegenwirkt. In einer Gesellschaft, die sich auf unmittelbare Ergebnisse fokussiert und Erfolg an materiellen Maßstäben misst, bleibt die langfristige Planung oft auf der Strecke. In solch einem Umfeld ist es herausfordernd, konsequent an der eigenen Vision festzuhalten.

6. **Die Vision wird nicht von der Unternehmensspitze getragen.**
   Bedauerlicherweise kommt es auch vor, dass die Vision nicht von der Unternehmensleitung unterstützt wird, selbst wenn sie Teil des Entwicklungsprozesses war. Diese Situation kann gravierende Auswirkungen auf das Unternehmen haben. Die Unternehmensleitung spielt

eine entscheidende Rolle bei der Ausgestaltung der Zukunft. Wenn sie die Vision nicht unterstützt und nicht als Vorbild agiert, führt dies zu Verwirrung und Konflikten unter den Mitarbeitenden. Die Motivation für die Zukunftsgestaltung sinkt, da die Mitarbeitenden keine klare Orientierung haben. Zudem fehlen ohne die nötige Unterstützung Ressourcen und Mittel, um die Vision erfolgreich umzusetzen.

7. **Die Botschaft der Veränderung ist negativ.**
Ein wesentlicher Aspekt für die Gestaltung von Zukunft ist, dass man niemals Veränderungsbereitschaft erzeugen kann, indem man negative Informationen und Geschichten zugrunde legt: »Wir müssen dies tun, sonst passiert jenes.« Es geht nicht darum, Veränderung durch Verzicht oder Zwang herbeizuführen.

Damit die Zukunft gelingen kann, brauchen wir positive Erzählungen über den Wandel. Es ist wichtig, etwas Attraktives anzubieten. Und das bedeutet, dass die Zukunft besser ist als der Status quo. Es muss sich lohnen, in das Neue zu investieren. Denn wenn wir die Veränderung durch Verzicht, Zwang oder Dystopien rechtfertigen, fehlen der Anreiz und die Überzeugung. Es wird sich nichts ändern. Deshalb müssen wir zunächst das Vertrauen der Menschen gewinnen, indem wir deutlich kommunizieren, dass in Zukunft mehr möglich sein wird als in der Gegenwart.

8. **Die Unternehmensspitze hält an der Vergangenheit fest.**
Viele Entscheidungsträgerinnen und -träger dürfen zu Recht stolz auf ihre vergangenen Erfolge sein, was zweifellos ein Gefühl der Zufriedenheit und Bestätigung verleiht. Dennoch liegt ein Hauptproblem bei der Gestaltung der Zukunft darin, dass Menschen sich auf ihren vergangenen Erfolgen auszuruhen. Es besteht die Tendenz, die Vergangenheit positiv zu überhöhen. Das Festhalten an vergangenen Erfolgen kann dazu führen, dass viele Aspekte der Realität ausgeblendet, verdrängt oder verleugnet werden, um den Glanz der Vergangenheit nicht zu trüben. Ein weiterer Punkt ist die Angst vor Machtverlust. Eine alternative Zukunft kann für diejenigen, die Macht innehaben, als gefährlich erscheinen, da sie sich gegen das richtet, was ihnen Macht verleiht: das bestehende System.[7]

9. **Die Vision ist elitär.**
   Im Unternehmenskontext wird Zukunftsgestaltung häufig als die »Weisheit der Wenigen« bezeichnet, da sie ausschließlich in der Verantwortung des Topmanagements liegt. Allenfalls externe Berater werden hinzugezogen, ansonsten ist die Gestaltung von Zukunft Chefsache. Er oder sie wird schon einen Plan haben, und wenn nicht, werden es teuer eingekaufte Berater schon richten. Die Mitarbeitenden müssen die daraus abgeleitete Strategie dann »nur noch« umsetzen. Die Aufgabe, das Unternehmen in die Zukunft zu führen, ist also geteilt: Oben wird gedacht, unten wird gemacht.[8]

10. **Die Vision ist nicht bekannt.**
   Oftmals werden in Organisationen Zukunftsstrategien festgelegt und ihre Umsetzung in Form von strategischen Puzzleteilen delegiert. Die Mitarbeiterinnen und Mitarbeiter sollen die verschiedenen Puzzleteile zusammensetzen – allerdings ohne das fertige Bild zu kennen. Meist startet man wie ein Puzzleanfänger: Schachtel auf und los geht's. Doch ohne zu wissen, wie das Endergebnis aussehen soll, ist jedes Puzzlesteinchen eine Herausforderung. Sicherlich können auf diese Weise einzelne Puzzleteile zusammengesetzt werden, aber ohne Orientierung ist die Umsetzung anstrengend und zeitaufwendig für die Mitarbeiterinnen und Mitarbeiter. Nicht zuletzt kann am Ende sogar ein unerwünschtes Bild entstehen.

11. **Das Zukunftsbild wird nicht in eine Strategie übersetzt.**
   Hier ist das Problem genau umgekehrt gelagert. Es werden große Pläne entworfen und Visionen für die Zukunft entwickelt, doch leider bleibt es dabei. Die konkrete Umsetzung dieser Projekte unterbleibt. Man versäumt es, das große Bild in einzelne Puzzleteile zu zerlegen und somit realisierbar zu machen. Es fehlen ein klarer Fahrplan und eine detaillierte Aufteilung des großen Bildes in kleine Schritte. Das Fehlen einer konkreten Umsetzungsstrategie führt dazu, dass Projekte im Sande verlaufen und letztlich nicht realisiert werden können. Dabei sind es gerade die kleinen Schritte und Aktionen, die den Weg zum großen Erfolg ebnen. Ohne eine klare Aufteilung des großen Ziels in kleine Teilziele und Maßnahmen bleibt alles abstrakt und unerreichbar.

## Paradigmenwechsel

Um die stets wiederkehrenden Probleme und Fehler bei der Arbeit mit Zukunftsbildern zu vermeiden, bedarf es neuer und ergänzender Ansätze. Wir müssen den Weg, wie Wandel gelingen kann, neu denken, einer neuen Logik unterziehen, ohne den Anschluss an das Bestehende und Bekannte zu verlieren.

### *1. Eine neue Logik der Zukunftsannäherung*

Gemeinhin nähern wir uns der Zukunft auf zwei unterschiedliche Weisen: Wir schmieden **Pläne** und **erstellen Prognosen**. In der Regel werden dazu Planungen, Kalkulationen, Projektionen und Modelle erstellt. So wird die Zukunft als eine Fortsetzung von Vergangenheit und Gegenwart betrachtet – eine lineare Vorstellung. Nach der Umsetzung eines Plans folgen die Erstellung eines neuen Plans und die Festlegung eines neuen Ziels.

Ein alternativer, bislang wenig genutzter Ansatz besteht darin, sich die Zukunft vorzustellen, **zu imaginieren** und sogenannte **Regnosen** zu erstellen.[9] Hierbei betrachtet man den gegenwärtigen Zustand aus einer imaginären Zukunft heraus und beginnt mit der Zukunft. Man lenkt die Gegenwart von der Zukunft aus. Die Zukunftsgestaltung wird somit in die Gegenwart integriert. Es ist eine faszinierende Eigenschaft des Menschen, dass er einen zukünftigen Zustand imaginieren kann, sich selbst darin entwirft und darüber hinaus von diesem Zustand aus auf den zurückgelegten Weg, der zu diesem Punkt geführt hat, zurückblicken kann.

In unserer Auffassung von Zukunftsdesign streben wir danach, eine harmonische Balance zwischen diesen beiden Wegen zu finden. In Situationen, in denen wir uns mit Change auseinandersetzen, sollte der Fokus stärker auf der zielgerichteten Planung der Zukunft liegen. Hingegen, wenn es um Transformationen geht, sollten wir vermehrt im Rahmen der Vorstellungskraft agieren. In beiden Szenarien ist es jedoch essenziell, den jeweils anderen Pol nicht gänzlich zu vernachlässigen.

### *2. Die Evolution der Strategie*

Ursprünglich entlehnt aus der Kriegskunst, insbesondere der Planung und Durchführung militärischer Operationen durch Heerführer, verfolgte die frühe Konzeption von Strategie das Ziel, langfristige Planungen zu gewährleisten. Sie war getragen von dem Wunsch nach einem Feldherrn, der die Verantwortung für diese Planung übernimmt und die Truppen zum Erfolg führt. Die Rolle des Strategen bestand darin, einen umfassenden Masterplan zu entwickeln, und die Strategiearbeit basierte auf Kalkül und Wettbewerbsfähigkeit. Das Hauptaugenmerk lag darauf, den Wettbewerb zu besiegen, anstatt den Kundennutzen zu steigern.

Im Zeitalter der Hyperkomplexität hat sich die moderne Bedeutung von Strategie erfreulicherweise erweitert. In einer volatilen Umgebung bedeutet Strategie nicht, einen dauerhaften Masterplan zu entwickeln. Ihr wahrer Wert liegt nun in einer gut recherchierten Geschichte der Zukunft. Diese Geschichte hat die Kraft, einer Gruppe von Menschen ein gemeinsames Zukunftsbild zu vermitteln. Der Stratege nimmt dabei die Rolle eines Erzählers ein, der verschiedene Meinungen und Informationen zu einem roten Faden verwebt. So entsteht ein Narrativ, auf das sich eine Gruppe (politisch) einigen kann. Und via Einigung kann die Gruppe dann einen Plan entwickeln, um das gemeinsame Zielbild mit vereinten Kräften zu erreichen.[10]

Strategie ist somit keine Einzelleistung. Es geht nicht um die Präsentation am Ende, sondern um den Weg, der zu den präsentierten Ideen geführt hat. Dieser Weg ist ein gemeinsamer, narrativer Prozess, in dem eine Übereinkunft (ein Alignment) darüber entsteht, welche Zukunft eine Gruppe gemeinsam gestalten möchte.

### *3. Zukunftsbilder erarbeiten und aktualisieren*

Um eine Transformationsstrategie wirksam in einer Organisation zu implementieren, erfordert es die Entwicklung eines Zukunftsbildes, das sich aus den erstellten Zukunftsszenarien ableiten lässt. Wir können uns solch ein Zukunftsbild wie ein komplexes Puzzle vorstellen. Jedes Puzzleteil repräsentiert dabei neue Projekte oder strategische Handlungsfelder und Maßnahmen. Diese Puzzleteile können beispielsweise neue Produkteinführungen, Marketingkampagnen, Verbesserungen der Kundenerfahrung oder interne Unternehmenskulturoptimierungen umfassen. Jedes Puzzleteil ist relevant und trägt dazu bei, das Gesamtbild zu vervollständigen.

Ein gut durchdachtes Zukunftsbild berücksichtigt die verschiedenen Aspekte eines Unternehmens und stellt sicher, dass alle Teilbilder zusammenpassen. Es kann dabei verschiedene Ebenen und Geltungsbereiche für solche Zukunftsbilder geben: von einem umfassenden Bild für die gesamte Organisation bis hin zu spezifischen Bildern für Teams, Projekte oder Abteilungen. Diese Teilbilder sollten kompatibel mit dem Gesamtbild sein und als ergänzende Puzzleteile fungieren.

Ohne klare Zukunftsbilder beschränken sich Unternehmen lediglich auf den engen Fokus der Gegenwart und laufen Gefahr, den Zweck bestimmter Maßnahmen nicht bestimmen zu können. Ein deutlich skizziertes Zukunftsbild fungiert dagegen als Leitlinie und Fixpunkt für alle Beteiligten, alle Projekte und Maßnahmen. Durch das Teilen eines gemeinsamen Bildes können Teams effizienter zusammenarbeiten und Projekte erfolgreicher umsetzen. Darüber hinaus ermöglicht ein Zukunftsbild, den Fokus auf die langfristige Entwicklung zu richten. Es hilft einer Organisation, über kurzfristige Herausforderungen und Probleme hinauszublicken und eine langfristige Perspektive einzunehmen.

Der archimedische Punkt jedes Zukunftsbilds muss der Kunde und der Unternehmenszweck sein. Das Zukunftsbild muss die Frage beantworten: Wie werden wir die Kundenbegeisterung und damit die Relevanz unseres Schaffens auch in der Zukunft sicherstellen? Nur wenn Kunden begeistert bleiben, folgen daraus weitere strategische Ziele wie Wachstum und steigende Erträge.

Damit das Zukunftsbild aber jene Orientierungskraft bekommt, die zu richtigen Entscheidungen führt, ist es notwendig, die folgenden Aspekte zu berücksichtigen:

- Was ist der Grund für unsere Existenz? Worin besteht der Zweck des Unternehmens? Wofür sind wir gegründet worden, und warum werden wir auch in Zukunft noch relevant sein?
- Wie können wir das Kundenproblem, das wir heute lösen, auch in Zukunft in einer angemessenen Form bedienen?
- Wie erkennen unsere Kunden unsere Lösungen und Angebote auch in Zukunft klar als Nutzen?
- Wie gelingt es, eine dauerhafte Beziehung zu den Kunden aufrechtzuerhalten?
- Was hat uns in der Vergangenheit charakterisiert, und was wird uns in der Zukunft ausmachen?

## 4.2 Mit positiven Bildern und Geschichten Lust auf Zukunft wecken

Gerade in Zeiten des Wandels mangelt es oft an positiven Zukunftsbildern und ermutigenden Geschichten, dabei sind genau diese essenziell, um die Zukunft aktiv mitzugestalten. Die meisten öffentlich präsentierten Visionen gleichen entweder technologischen Utopien oder sind auf die Interessen der Aktionäre ausgerichtete Botschaften. Sie erzählen wenig, zeigen kaum Zukunftsbilder und es fehlt ihnen an Emotionalität. Die Gefahr besteht, dass solche Visionen nicht realisiert werden. Stattdessen könnten sie uns zu passiven Konsumenten degradieren und grundlegende Zukunftskompetenzen wie positive Geschichtserzählungen, Kooperation, Fantasie, ganzheitliches Denken und Kreativität brachliegen lassen. Die Zukunftsgestaltung braucht also mehr!

### Zukunft braucht Zukunftsbilder

Der Spruch »Ein Bild sagt mehr als tausend Worte« verdeutlicht die unschätzbare Bedeutung von Bildern. Wenn wir an Strategiepapiere mit einer Fülle von Fakten und Zahlen denken, können wir noch ergänzen: »Ein Bild sagt auch mehr als tausend Fakten und Zahlen.« Im Gegensatz zu nüchternen Zahlen wecken Bilder Emotionen und regen die Fantasie an. Sie sind anschaulicher, leichter verständlich, anschlussfähiger, emotionaler und inspirierender als bloße Zahlen. Bilder haben die Kraft, Menschen zu vereinen, Gefühle hervorzurufen und Kräfte zu mobilisieren, um Dinge gemeinsam zu gestalten.

Je komplexer und anstrengender die Gegenwart wird, desto wichtiger ist es für die Menschen, eine Vorstellung von der Zukunft zu haben. Natürlich sind wir uns bewusst, dass die Zukunft nicht vorhersehbar ist. Aber ohne klare Vorstellungen und Bilder von der Zukunft eines Unternehmens fühlen sich die Mitarbeitenden oft wie im Dunkeln tappend – ohne Orientierung und vor allem ohne Antrieb. Warum sollten sie sich anstrengen und an ihre Grenzen gehen, wenn der Sinn und die Bedeutung ihrer Arbeit im Nebel liegen?

Daher sind Zukunftsbilder so entscheidend. Es sind konkrete Utopien, die auf den technischen und sozialen Möglichkeiten von heute basieren. Nur vor dem Hintergrund solcher Visionen können wir abwägen, welche Schritte sinnvoll sind, um uns in Richtung einer erstrebenswerten Zukunft zu bewegen. Anders ausgedrückt: Ohne Zukunftsbilder können wir weder eine gestaltbare Zukunft konzipieren noch die Menschen in diesem Prozess mitnehmen.

## Zukunft braucht Geschichten

Die wirkungsvollste Methode, einen Bezug zur Zukunft herzustellen, ist neben dem Zukunftsbild das Erzählen von Geschichten. Jede Zukunft beginnt mit einer Geschichte. Sie sind das beste Mittel, um Veränderungen sichtbar und erklärbar zu machen. Durch Geschichten nähern wir uns dem Unbekannten. Sie sind das herausragende Medium, wenn es darum geht, Veränderungen zu begreifen und Emotionen und Rationalität zu verbinden. Geschichten lassen uns die Perspektiven anderer Menschen, anderer Märkte und Unternehmen verstehen.

Geschichten berichten von Wandel und Veränderung. Fehlen Geschichten, müssen wir uns durch dicke Bretter bohren, um langfristige Perspektiven und Strategien aufzuzeigen. Mit dem Mangel an Erzählbarkeit geht die Anbindung an eine grundlegende Funktion des Politischen verloren: eine Gemeinschaft anzusprechen. Geschichten vermitteln Moral und Ethik, liefern Rechtfertigungen, zeigen Unterschiede auf und geben Erklärungen für unser Leben und unsere Welt. Geschichten haben Identifikations-, Orientierungs- und Vertrauensfunktionen. Sie sind das Medium, durch das wir uns selbst und andere verstehen.

Tatsächlich können Narrative eine Zukunft erschaffen, die ohne sie nicht möglich wäre. Es gibt keine Zukunft ohne Geschichte. Wenn Zukunft nicht erzählt werden kann, ist sie keine Zukunft. Auch hierzu möchten wir im Folgenden einige Beispiele geben, die die Kraft von Bildern und Geschichten anschaulich machen.

### Beispiel

Als Beate als CEO und Gesellschafterin ein Familienunternehmen mit 130 Jahren Geschichte übernahm, war das Unternehmen nicht mehr profitabel und eine Transformation war existentiell notwendig. Der Umsatz war von Jahr zu Jahr gesunken, der Profit ebenfalls. Das Businessmodell war in die Jahre gekommen, gleichzeitig schien es keine Idee zu geben, wie die Zukunft aussehen könnte. Die Produkte waren zwar gut, aber die Konkurrenz im Internet machte dem Unternehmen zu schaffen. Alternative Produkte oder ein wirklicher Mehrwert, zum Beispiel durch eine besondere Dienstleistung, waren nicht angedacht. Den Vertrieb über Außendienstmitarbeiter wussten die bestehenden Kunden zu schätzen, neue Kunden waren allerdings schwer zu akquirieren.

Die Aufgabe für Beate als neue CEO war klar: Das Unternehmen brauchte eine Vision, ein neues Zukunftsbild.

- Wer wollen wir sein?
- Was wollen wir erreichen?
- Welchen Mehrwert bietet unser Unternehmen in zehn Jahren?
- Welches konkrete Kundenproblem lösen wir auch in Zukunft?
- Für wen schaffen wir einen nachhaltigen Nutzen?
- Warum existieren wir als Unternehmen?
- Welche Mission erfüllen wir?
- Inwiefern trägt unser Unternehmen dazu bei, die Welt positiv zu gestalten?
- Welchen Beitrag wollen wir für andere leisten?
- Warum ist unser Unternehmen in zehn Jahren noch relevant?

Das waren die Fragen, die auf der Hand lagen und beantwortet werden wollten. Beate schaute in einen Schrank ihres Vorgängers und fand Ordner mit Aufschriften wie »Vision 2010«, »Neues Konzept 2011« oder »Neue Kultur 2013«, dazu Bilder von Workshop-Wänden, vollgeklebt mit Stickern in unterschiedlichen Farben. Das Thema schien also nicht neu, nur war es offensichtlich bisher nicht gelungen, aus all dem Material ein belastbares Zukunftsbild zu definieren.

Klar war auch: Workshops mit bunten Stickern brauchte Beate nicht mehr zu machen. Stattdessen hat sie Gespräche geführt und circa 100 Mitarbeitende gefragt: »Wie geht es Ihnen bei uns?«, »Was gefällt Ihnen besonders, was nicht so sehr?«, »Worauf sind Sie stolz?«, »Was mögen Sie an Ihrer Arbeit?«, »Was würden Sie ändern, wenn Sie es könnten?«, »Was, glauben Sie, ist die Zukunft des Unternehmens?«. Das waren viele Fragen und Beate hörte einfach zu. Nichts anderes. Danach kannte sie die Sehnsüchte vieler Mitarbeitenden und hatte konkrete Ideen für die Gestaltung der Zukunft. Was die Mitarbeitenden bis dahin emotional zusammengehalten hatte, waren gute Erlebnisse in der Vergangenheit, die zu einer Identifikation mit dem Unternehmen geführt hatten.

Mit dem langjährigen Verkäufer Clemens aus München unterhielt sie sich besonders intensiv. Er erzählte ihr Folgendes: »Ich weiß noch, als mal die Warenwirtschaft ausgefallen war und wir in Lieferverzug kamen, da sind wir alle nach Hamburg ins Lager gefahren und haben mitgeholfen, manchmal 12 Stunden am Stück. Danach haben wir mit dem Inhaber um Mitternacht ein Bier in der Lagerhalle getrunken. Das war das Größte. Wir haben alle zusammengehalten, uns gegenseitig geholfen. Wenn wir in einem Jahr erfolgreich waren, sind wir im Folgejahr auf eine große Reise gegangen. Das war mein Leben. Jetzt ist jeder egoistisch, verfolgt nur seine eigenen Interessen. Und die externen Vorstände der letzten Jahre waren Söldner und nicht mit dem Herzen dabei.«

Maike aus Wuppertal erzählte Beate von großartigen Verkaufseinsätzen: »Einmal im Jahr durfte ich mit auf einen Verkaufseinsatz. 20 Verkäufer trafen sich an einem Ort und verkauften von dort aus eine Woche lang in der Umgebung. Abends trafen sich alle gemeinsam im Hotel, der Tagesgewinner wurde ermittelt, viel gutes Essen und Wein krönten diese Abende. Jeder wusste über den anderen Bescheid, kannte die Stärken und Schwächen. Wir alle saßen im selben Boot. Wir haben uns gegenseitig unterstützt, so wurde jeder erfolgreich. Das war wunderbar.«

Christiane aus Bitterfeld berichtete: »Ich war jung, als ich ins Unternehmen kam. Ich hatte keine Ausbildung, konnte mir keine Wohnung leisten und musste noch zu Hause wohnen, obwohl ich mich nicht mit meinen Eltern verstand. In dem Café, in dem ich arbeitete, ging eine

Frau ein und aus, die einen großen Wagen fuhr, selbstbewusst schien und sehr freundlich war. Irgendwann kamen wir ins Gespräch. Einige Wochen später bot sie mir einen Job an. ›Ich sehe ihr Potenzial. Sie mögen Menschen. Jedes Mal, wenn Sie mich bedienen, fühle ich mich gut. Sie werden eine erfolgreiche Verkäuferin bei uns werden.‹ So kam es dann auch. Ich bekam einen Verkäuferjob, und das Unternehmen hat mir Geld für die erste eigene Wohnung vorgestreckt. Seitdem bin ich glücklich hier und habe dem Unternehmen alles zu verdanken.«

Michael in der Logistik in Schwerin erzählte, wie stolz er damals war, den Unternehmensinhaber zu Terminen fahren zu dürfen. »Einmal musste er an Heiligabend um 18 Uhr etwas für seine Frau abholen. Ich habe ihn dann gefahren, und wir beide haben alles wie geplant hinbekommen. Anschließend dankte er mir mit einem großen Lächeln und mit den Worten: ›Ich wünsche Ihnen und Ihrer Familien ein frohes Fest.‹ Die 10 Mark, die er mir dabei in die Hand drücken wollte, habe ich natürlich nicht angenommen. Eine Frage der Ehre.«

Bettina aus Heidelberg war sehr frustriert: »Als es das Internet noch nicht gab, haben wir den Kunden einen wirklichen Mehrwert geboten. Wir haben ihnen Produkte angeboten, die sie sonst nirgendwo bekommen würden, das Beste aus aller Welt. Wir haben die Kunden beraten, hatten Zeit für sie, und Weihnachten haben viele von ihnen uns dafür Dankeskarten geschickt. Jetzt wollen sie diese Dienstleistung nicht mehr, weil sie alles im Internet kaufen können. Wenn ich anrufe, empfinden sie das als lästig. Und wenn sie tatsächlich mal etwas kaufen, dann meinen sie, sie täten mir einen Gefallen.«

Mattias aus Karlsruhe stöhnte: »Ich weiß gar nicht mehr, wer wir eigentlich sind. Früher konnte ich mit einer klaren Botschaft zum Kunden gehen und habe bei jedem Besuch verkauft. Jetzt weiß ich nicht, was ich sagen soll. Wir sind nicht mehr einzigartig, und der Kunde weiß das genau. Und ich auch.«

Was für interessante Geschichten! Ihnen gemeinsam ist, dass alle positiven Erfahrungen und Erinnerungen schon mindestens zehn Jahre zurücklagen und die negativen in der Gegenwart angesiedelt sind. Beate lernte viel in diesen Gesprächen, erfuhr, was in diesem Unternehmen wichtig war: Zusammenhalt, gesehen werden, ein Team sein, sicher sein, in schweren Tagen unterstützt werden, dem Kunden echten Mehrwert bieten. All das waren Attribute, die die Mitarbeitenden in der Vergangenheit emotional zusammengehalten hatten.

Nach diesen 100 Gesprächen war Beate klar, dass dringend ein gemeinsames Anliegen formuliert werden musste. Die Mitarbeitenden müssten sich die grundlegende Frage stellen, was sie gemeinsam antreibt. Dabei würde es weniger darum gehen, eine klare Antwort zu erhalten, sondern vielmehr darum, einen gemeinsamen Nenner zu finden. Sobald ein solches gemeinsames Anliegen erkennbar ist, treten individuelle Interessen in den Hintergrund. Dieses gemeinsame Anliegen fungiert als stabilisierender Faktor im Gesamtgefüge. Es bietet eine Ausrichtung darüber, wie die Mitarbeitenden die Zukunft mitgestalten wollen. Sie sollen einer Idee folgen, die ihnen persönlich bedeutend ist. Diese Idee ist richtungsweisend und prägt das Handeln. Sie erläuterte dem Team, welche Relevanz das Unternehmen in der Zukunft haben sollte, zeigte die entsprechende Haltung auf und verstärkte die Motivation.

Ähnliches machte Beate mit Kunden beziehungsweise potenziellen Kunden in Bezug auf das Geschäftsfeld. Beate fragte sie: »Was verbinden Sie mit unserem Unternehmen? Was schätzen Sie besonders? Was ist für Sie das entscheidende Kriterium für die Lieferantenauswahl? Was ist die größte Herausforderung in Ihrem Berufsalltag? Welche Leistungen würden Sie gern in Anspruch nehmen?«

Das Puzzle fügte sich schnell zusammen, das Team um Beate formulierte eine Vision und erarbeiteten eine für alle transparente und eingängige Strategie. Immer wieder bezogen sie Mitarbeitende ein, diskutierten über die Ausgestaltung, fanden gemeinsame Lösungen. Einige Monate nach Beates Start stand alles. Das Team und Beate waren stolz auf das Erreichte.

Die entstandene Vision war groß und mutig. Die Strategie war klar und konkret. Wenn sie es schafften, sie so umzusetzen, würden sie nachhaltig erfolgreich sein, das war Beate klar. Aber: Wie sollte sie nun alle Mitarbeiterinnen und Mitarbeiter in das gemeinsame Boot holen? Wie könnte sie die notwendige Zuversicht verbreiten, damit alle an einem Strang zogen? Wie fand sie Mitstreitende, die Leuchttürme dieser Veränderungen sein wollten? Es gab noch viele Fragen. Gleichzeitig fühlte sie ein einzigartiges Kribbeln in sich, das ihr signalisierte, dass etwas Großes vor ihnen lag.

### Beispiel

Als Trixi Anfang 2010 Partnerin und CEO eines Start-ups wurde, war sie von der Kraft einer gemeinsam erstellten Vision überzeugt. Sie war sicher, dass das gemeinsame Bild der Zukunft über allem stehen muss. Als sie zu dem kleinen Unternehmen kam, sah sie angestrengte Mitarbeitende, die die täglichen Probleme aus dem Weg räumten und frustriert waren über den mangelnden Erfolg des Unternehmens. Gespräche mit den Konsumentinnen der Marke und den Handelspartnern haben Trixi und ihren Partnerinnen aber sehr schnell gezeigt, was der Markt sich wünscht und dass sie als kleines Unternehmen eigentlich alle Voraussetzungen hatten, um die Nachfrage besser als alle Wettbewerber zu bedienen. Die Frage »Wer wollen wir gemeinsam sein?« trieb sie um und machte die Räume groß für Neues: eine neue Kommunikation, neue Produkte und neue Kooperationen. Es gab kein Geld für eine Beratung, das hätte auch nicht zu dem Unternehmen gepasst. Stattdessen haben sie in einem langen Treffen unter Tränen, mit großen Emotionen und totaler Hingabe all ihre Sehnsüchte in die Arena geworfen, dies um ihre Erfahrungen aus Kundengesprächen ergänzt und später alles in einer Art »Glaubensbekenntnis« formuliert. Auch so kann eine Vision aussehen.

Wenn eine Vision zum Glaubensbekenntnis wird und wirkliche Sehnsüchte und Bedürfnisse anspricht, dann bewegt sie Menschen und führt zu den Erfolgen, die wir uns wünschen. Denn dann wollen Menschen – egal ob Kunden, Mitarbeitende oder Partnerunternehmen – ganz automatisch Teil dieser Idee sein.

Eine kleine Anekdote am Rande: Da sie kein Geld für großartige Marketingkampagnen hatten, bauten Trixi und ihre Partnerinnen ein Botschafterinnennetzwerk auf, für das sich die Kundinnen bewerben mussten. Jede Botschafterin erhielt Samples der Marke und Postkarten mit einem Glaubensbekenntnis, die sie in ihrem Netzwerk verteilte. Eines Tages rief der größte Kunde an, warum man die »Werbedamenaktion« in seiner neuen Filiale in Berlin mit 150 Personen nicht angemeldet hatte. Ganz ohne eigenes Zutun hatten sich die Botschafterinnen aus der Region zusammengeschlossen und diese Unterstützungsaktion organisiert. Das nennt man wohl ein »gemeinsames Boot«.

Das Beispiel zeigt einmal mehr, dass die Entwicklung einer Vision, eines gemeinsamen Bildes in jeder Organisation unerlässlich ist, egal wie die Situation im Unternehmen ist. Viele Unternehmen, die wirtschaftlich erfolgreich sind, glauben an Stabilität und nicht an Wandel, auch wenn das Umfeld im stetigen Wandel ist. Gerade Familienunternehmen neigen dazu, an vergangenen Erfahrungen und Erfolgen festzuhalten und tradierte Visionen, zum Beispiel der Gründerfamilie, nicht anzupassen. Und in der Tat sind Vergangenheit und Stabilität in vielen Unternehmen sichere Pfeiler, wenn dabei die Zukunftsfähigkeit nicht auf der Strecke bleibt. Bedauerlicherweise verfallen Unternehmen oft in den Modus der Bewahrung und Bestätigung und beginnen erst, sich infrage zu stellen, wenn Schwierigkeiten auftreten. Konflikte, Katastrophen und Krisen scheinen treibende Kräfte für solch eine Überprüfung zu sein. Es wäre weitaus klüger, sich regelmäßig selbst zu reflektieren. Auf diese Weise könnte man sinnvoll entscheiden, ob ein Wandel notwendig oder sogar eine umfassendere Transformation erforderlich ist. Oft geht es bei dieser Beharrung um die Angst, Macht zu verlieren; oft gibt es auch eine fehlende Umsetzungskompetenz der handelnden Personen oder es fehlt einfach der Wille, große und freie Räume für neue Ideen zu schaffen. Erst große Disruptionen im Markt, im Unternehmen oder in den Familien führen dann zu einem – leider oft unvorbereiteten – Umdenken: »Wer wollen wir eigentlich in der Zukunft sein?« Manchmal ist es dann leider schon zu spät.

Der Ökonom und Aktionsforscher Otto Scharmer beschreibt in seiner »Theorie U« aus dem Jahr 2016 klar und beeindruckend, wie eine Vision aus der Zukunft abgeleitet werden muss und wie für diese Aufgabe Kreativität im Unternehmen freigesetzt werden kann. Diese Ansätze sind brillant, um Menschen zu motivieren, eine Vision zu kreieren und diese dann mit einer guten Strategie umzusetzen. Zu Otto Scharner kommen wir im weiteren Verlauf des Buches noch. Eines sei vorab schon gesagt: Zuhören, nicht dominieren und nicht bewerten – das sind die wichtigsten Eigenschaften von CEOs auf der Transformationsreise, so auch bei deren Start, der Definition einer tragfähigen Vision.

## 4.3 Die Vision Wirklichkeit werden lassen

Seit der Ära der Industrialisierung steht das Streben nach Effizienz im Fokus. Optimierung und Standardisierung gehören für viele Unternehmen zur DNA ihres Schaffens. Mitarbeitende werden in arbeitsteiligen Tätigkeiten so lange geschult, bis sie diese Abläufe meisterhaft beherrschen. Dabei ist es nicht notwendig, dass sie den Gesamtkontext ihrer Tätigkeit im Blick haben.

### Beispiel

In seiner Schulzeit, mit 15 Jahren, begann Theo, sich in den Ferien etwas Geld zu verdienen – ein klassischer Ferienjob. Seine Anstellung fand er bei einem Unternehmen, das eine Vielzahl von Produkten für den Vogelschutz herstellte, von Vogelhäuschen bis hin zu Katzenabwehrmaßnahmen. Damals setzte sich die Belegschaft hauptsächlich aus italienischen Kollegen zusammen. Die Atmosphäre in der Firma war gut, es wurde viel gelacht, gelegentlich sogar gesungen. Ein beliebter Slogan des Teams war »Cinque minuti di pausa«, was so viel wie »fünf Minuten Pause« bedeutet. Er wurde gerne genutzt, wenn jemand sich kurz zurückzog, zum Beispiel auf die Toilette.

Eines Tages jedoch kippte die fröhliche Stimmung, und der Anlass dafür war Theo. Er war an einen neuen Arbeitsplatz versetzt worden, an dem er kleine Käferabwehrmaßnahmen aus Holzbeton herstellen sollte. Dabei musste eine Werkzeugform zu Beginn des Prozesses geschlossen, eine Grundplatte eingelegt, Holzbeton eingestampft und abschließend ein Draht eingedrückt werden, damit das fertige Produkt am Baum befestigt werden konnte. Jeder Arbeitsplatz hatte eine vorgegebene Akkordrate – die Anzahl der Teile, die pro Stunde produziert werden mussten. Theo hatte sich jedoch wohl verhört und statt der vorgegebenen 80 Teile versehentlich 180 Teile pro Stunde hergestellt – und das den ganzen Tag über. Er geriet ganz schön ins Schwitzen. Der Meister war jedoch verblüfft. Da ein ungelernter Schüler mehr als doppelt so viele Teile herstellen konnte wie ein erfahrener Mitarbeiter, wurde die Stückzahl von 80 auf 150 erhöht. Damit entfiel auch die beliebte »Cinque minuti de pausa« – zum großen Ärger von Theos Kollegen.

Heute stehen wir vor einer neuen Herausforderung. Es scheint, dass insbesondere die junge Generation, viele davon Wissensarbeiter, eine neue Sehnsucht nach einer Sinnhaftigkeit ihrer Arbeit entwickeln. Sie möchten aktiv mitgestalten und ihren individuellen Beitrag zum Gesamten erkennen können. Dies verlangt eine Vision, die ihnen Orientierung und Motivation in ihrer Arbeit gibt und Innovation und Zusammenarbeit fördert.

Es ist nicht so, dass den Unternehmensentscheidern dieses Thema und die Notwendigkeit der Visionsdefinition nicht bekannt wäre. Doch das vermeintlich dringliche Tagesgeschäft drängt die Zukunftsarbeit immer wieder in den Hintergrund. Visionen haben oftmals einfach keine gute Lobby. Das mag auch an der fehlenden positiven Erfahrung liegen, welche Kraft von klaren Visionen ausgeht. Oft wird die Vorstellung von Vision sogar mit Esoterik in Verbindung gebracht. Es ist höchst beunruhigend, dass es überraschend wenige deutsche Unternehmen gibt, die eine klare Vision haben, oder wenn sie eine haben, diese an den Wänden und in den Gängen oder gar in Schubladen verstaubt, statt in die strategischen und operativen Entscheidungen eingebracht zu werden.

## Von der Vision zur Umsetzung

Die bisherige Zurückhaltung gegenüber dem Thema Vision ist besonders darauf zurückzuführen, dass Visionen bisher in einer Form erarbeitet wurden, die nicht zu positiven Ergebnissen geführt hat. Man hat sich hauptsächlich auf Umsätze, Zahlen und Schlagwörter konzentriert, aus denen Unternehmen nur begrenzte Handlungsempfehlungen ableiten können. Dies bedeutet für jedes Unternehmen verschenktes Entwicklungspotenzial. Ohne die solide Grundlage eines gut ausgearbeiteten visionären Überbaus, der auf Zukunftsbildern und einer klaren Zukunftsgeschichte basiert, mag es zwar möglich sein, die Dinge ins Rollen zu bringen, aber die Richtung bleibt unklar. Ohne eine klare Vision ist jede Richtung falsch.

Was wir also brauchen, ist eine klare, präzise formulierte Vision (Warum?) in Verbindung mit einer Mission (Wie?) und einer daraus resultierenden Strategie (Was?). Alles zusammen mündet in einem Unternehmensleitbild, das für die Organisation als Ganzes wie für jedes einzelne Mitglied handlungsleitend und motivierend ist.

Die Vision treibt das Leitbild an und beantwortet die Fragen: Was ist der wahre Zweck des Unternehmens? Welches drängende Kundenproblem wollen wir lösen? Welchen konkreten Nutzen werden wir schaffen? Der Kern einer Vision sollte nicht auf Umsatz oder Marktführerschaft abzielen, sondern den wahren Nutzen identifizieren, den wir der Welt bringen wollen, den Sinn hinter all diesen Bemühungen zu finden.

Eine Vision kann nur dann umgesetzt werden, wenn die Mission auf die Vision angepasst ist und sich daraus eine klare und saubere Strategie ableiten lässt. Bei der Formulierung der Mission fragen wir uns: Worum geht es uns eigentlich genau? Welchen Beitrag leisten wir, um jenen Zustand zu erreichen, den wir in unserer Vision skizziert haben? Die Mission bedeutet, das Wesentliche zu tun und Ablenkungen zu minimieren; sie erfordert die Entwicklung einer klaren Strategie, die zu messbaren Ergebnissen und tiefgreifenden Veränderungen führt.

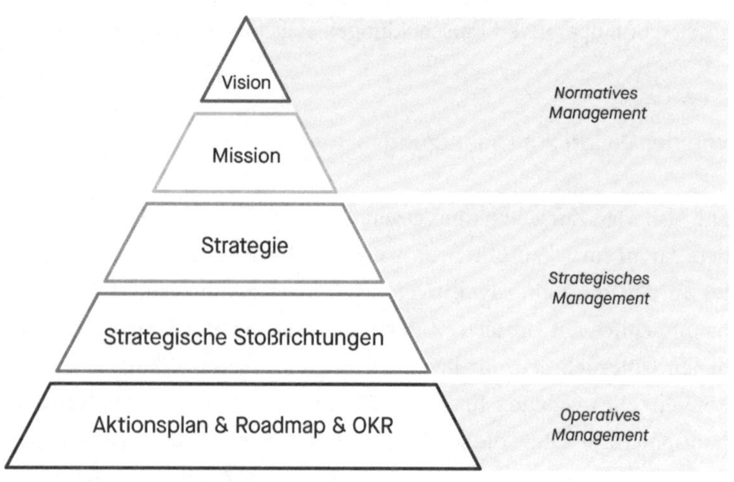


Abb. 3: Von der Vision zur Umsetzung

Nach Klärung der Vision und Mission eines Unternehmens gilt es, einen »Fahrplan in die Zukunft« zu entwerfen, eine Strategie, die die Richtung unseres Handelns maßgeblich prägt. Sie ist der Navigator, der nicht nur den Kurs bestimmt, sondern auch die Positionierung und den Fokus unserer Aktivitäten festlegt. Bei jeder strategischen Entscheidung ist der Blick auf die Vision wichtig: Zahlt dieser strategische Ansatz wirklich in die Vision ein? Hilft er, die Vision zu realisieren?

Indem man den Menschen in einem Unternehmen eine klare Strategie an die Hand gibt, entsteht so etwas wie ein Leuchtturmeffekt. Jeder weiß genau, wohin die Reise geht, wenn eine Entscheidung ansteht. Es wird deutlich und nachvollziehbar, welche Optionen außerhalb der Strategie liegen und welche in Erwägung gezogen werden sollten. Dies schafft nicht nur Transparenz, sondern auch eine klare Orientierung. Erfahrungsgemäß gibt eine klare Strategie nicht nur vor, was umgesetzt wird, sondern vor allem auch, was nicht umgesetzt wird.

Eine klare Vision, Mission und Strategie bringen Ruhe ins Unternehmen, auch weil wichtige Parameter im operativen Geschäft nicht täglich infrage gestellt und diskutiert werden müssen. Sie sind der rote Faden für alles, was in einem Unternehmen getan und entschieden wird. Zudem führt eine solche Klarheit zu einer Proaktivität in der Umsetzung anstelle von Reaktivität auf externe Faktoren.

Wenn Vision, Mission und Strategie geklärt sind, besteht der nächste Schritt darin, die strategischen Vorgaben in klare Roadmaps und Meilensteine umzusetzen. Ein sehr gutes Tool dafür ist das Konzept der Objectives and Key Results (OKR). Mittels dieses Tools kann die Strategie in allen Bereichen des Unternehmens umgesetzt werden, indem pro Abteilung oder Prozess klare Ziele definiert, Maßnahmen und Meilensteine festgelegt, Projekte priorisiert werden. Die Bewertung des Fortschritts wird in der Regel quartalsweise durchgeführt. Auch wird quartalsweise bewertet, inwieweit es strategische Anpassungen braucht.

Die Betrachtung der Ziele auf Quartalsbasis mithilfe von OKRs führt oftmals zu der Erkenntnis, dass die Einschätzung dessen, was in einem Quartal realisierbar ist, häufig überschätzt wird. Gleichzeitig wird oft unterschätzt, welchen Fortschritt man in einem Jahr erzielen kann. Daher ist es hilfreich, diese Zielbetrachtung quartalsweise zu reflektieren und sich zu fragen:

– Was haben wir uns eigentlich für dieses Quartal vorgenommen?
– Was waren die Annahmen?
– Wie weit sind wir damit gekommen?
– Haben wir uns vielleicht übernommen?[11]

In diesem Sinne dient die OKR-Methode auch dazu, die richtigen Dinge *nicht* zu tun, weil der richtige Zeitpunkt noch nicht gekommen ist. Der Fokus liegt darauf, mit großer Präzision auszuwählen, welche Ziele gesetzt werden sollen, und diese im Verlauf des Quartals mit voller Wirkung zu verfolgen.

Die konkreten Inhalte der OKRs sollten jeweils in den Abteilungen definiert und transparent kommuniziert werden. So kann ein »gemeinsames Boot« entstehen, in dem alle Beteiligten im Unternehmen wirksam an der Umsetzung der Strategie mitarbeiten.

Die Theorie zum Leitbild kann in vielen Quellen nachgelesen werden. Es fehlt aber oft an Praxisbeispielen für die Umsetzung, von denen gelernt werden kann. In vielen Fällen scheitern die praktischen Umsetzungen oder sind nur mit viel größeren Mühen und über eine längere Zeit im Vergleich zum Plan umzusetzen. Das zeigt das folgende Praxisbeispiel:

### Beispiel

Nachdem Martin in dem Familienunternehmen gemeinsam mit den Mitarbeitenden das große Zukunftsbild in Form einer Vision und Mission entwickelt hatte, startete er damit, eine für alle transparente und verständliche Strategie zu erarbeiten. Ihm war klar, dass die Kommunikation gegenüber den Mitarbeitenden eine große Herausforderung werden würde, denn die Strategie umfasste viele Veränderungen, eine bisher unbekannte Dynamik, viele Digitalisierungsmaßnahmen und Meilensteine, die in der Umsetzung schmerzhaft werden würden. Er wusste aber auch, ohne Ehrlichkeit und Transparenz darüber, was das Unternehmen vorhatte und was an Veränderungen nötig war, würde er das Vertrauen, das er sich allmählich aufgebaut hatte, wieder zerstören.

Bei jeder Präsentation in den Ländergesellschaften bekam er fast uneingeschränkt Zustimmung und Verständnis signalisiert. Es herrschte Konsens darüber, dass es Veränderungen geben musste. Sein Gefühl sagte ihm: »Jetzt ist der Knoten geplatzt, jetzt ziehen wir alle an einem Strang.« Nach der ersten Euphorie musste er jedoch der nüchternen Realität ins Auge sehen: »One size does not fit all« – so ist das eben.

Aufgewühlt hatten Vision, Mission und Strategien die Mannschaft auf jeden Fall, im Nachgang aber mit sehr unterschiedlichen Ausprägungen. Von »einem gemeinsamen Strang« konnte überhaupt noch keine Rede sein, das musste er schnell erkennen. Seine Mitarbeiterin Petra ließ ihn wissen: »Ich kann ihre Strategie nachvollziehen, möchte aber auch klarstellen: Wenn Sie mich zwingen, da mitzumachen, bin ich weg.« Und sein Mitarbeiter Matthias sagte: »Das ist nicht mehr mein Unternehmen, ich werde mich jetzt auf die Suche nach einer neuen Heimat machen.«

Dass eine große Unruhe und auch Verunsicherung im Unternehmen herrschten, war verständlich, schließlich waren in diesem Unternehmen Veränderungen in der Vergangenheit immer negativ besetzt. Dennoch war es etwas absurd: Jede und jeder wusste, dass es für das Überleben des Unternehmens deutliche Veränderungen brauchte, aber nur wenige waren bereit, an dem Prozess aktiv mitzuwirken. Viele Mitarbeiter wehrten sich jeden Tag dagegen. Und die Führungskräfte fühlten sich am meisten in der Bredouille. Sie sollten Teil einer Veränderung sein, sie sogar aktiv vorantreiben, hatten aber gleichzeitig Angst, ihr eigenen Privilegien zu verlieren. Anstatt den Knoten platzen zu lassen, hat die neue Vision die alte intransparente und überlebte Unternehmenskultur zunächst noch verstärkt.

In einer Sitzung mit den Führungskräften sprach Martin über die nächsten Schritte in der Umsetzung. Alle nickten zu seinen Vorschlägen, es gab wenig Diskussionsbeiträge, eher passive Zustimmung. So eine Energielosigkeit hatte er selten erlebt. Was für eine Ernüchterung für ihn! Er beendete das Meeting und kehrte in sein Büro zurück. In den nächsten zwei Stunden kamen fast alle Führungskräfte einzeln auf ihn zu. Er hörte Aussagen wie: »Ich wollte Ihnen sagen, auf mich können Sie zählen, aber auf die anderen nicht.« »Der Herr Müller ist illoyal, bei dem müssen Sie aufpassen. Aber ich stehe voll hinter Ihnen, ich konnte das im Meeting nur nicht so klar ausdrücken.« »Das hat Ihr Vorgänger auch versucht, das wird nicht gehen. Alle haben die Veränderungen damals lautlos boykottiert.« »Sie müssen sich von den anderen Führungskräften trennen. Die sind alle nicht auf Ihrer Seite«. »Ich würde ja gerne bei Ihrem Plan mitmachen, aber die anderen fühlen sich dann verraten«. Und so weiter. Ihm führten diese Aussagen vor Augen, dass ihn nicht alle Führungskräfte auf dieser Reise begleiten würden. Er würde eine Auswahl treffen müssen, mit wem er das gemeinsame Boot würde bauen wollen, mit dem das Unternehmen in die Zukunft steuern sollte.

Anfangs hatte er kaum Mitstreitende, und manchmal befürchtete auch er, dass die Transformation in diesem Unternehmen nicht machbar sein würde. Sollten sie zu den 67 Prozent der Unternehmen gehören, in denen Transformationen gemäß *Harvard Business Manager* scheitern? Aber mit der Zeit wurden auch andere Stimmen laut. Eine Mitarbeiterin sagte zu ihm: »Die Vision und die Strategie sind großartig. Ich bewundere Ihren Mut. Ich möchte sagen, dass ich dabei bin, egal in welcher Rolle.« Ein anderer Mitarbeiter schrieb ihm eine lange Mail: »Ich weiß nicht genau, wie wir das hinbekommen, aber ich möchte dabei sein. Ich werde mein Bestes geben, an mir wird es nicht liegen, wenn diese Vision scheitert.« Diese Menschen wurden später die Leuchttürme des Wandels.

Die Transformation brauchte Zeit. Die Herzen der Mitarbeitenden mussten gewonnen werden, die Vision musste für alle fühlbar sein. An manchen Tagen gingen sie zwei Schritte zurück, an anderen drei Schritte vor. Es brauchte eine große Beharrlichkeit und Hingabe. Immer mehr Menschen kamen an Bord. Nicht, weil Druck gemacht wurde, sondern durch gute Geschichten, erste Erfolge und anschauliche Zukunftsbilder.

Die erste wichtige Lektion, die er in dieser Phase lernte, war, dass Transformation nur gelingen wird, wenn jede und jeder die Sicherheit bekommt, sich mit ihren und seinen eigenen Bedürfnissen transformieren zu können. Das wurde mit viel Geduld und Beharrlichkeit umgesetzt. Alle Erfolge, auch noch so kleine, wurden gefeiert, Zweifel wurden ernstgenommen und diskutiert, Zeit wurde gegeben.

Die zweite wichtige Lektion war, dass eine Vision und Strategie Narrative braucht. Martins erste Präsentationen hatte er noch im Beraterstil gehalten und eine Fülle trockener Charts präsentiert. Inzwischen reicherte er seine Ansprachen mit Geschichten und Bildern an. Dabei passierte es mehr als einmal, dass Mitarbeitende aufstanden und ihre Erlebnisse beisteuerten. Sie berichteten von glücklichen Kunden, von der Zufriedenheit, als das erste Produkt der neuen Strategie verkauft war. Zunächst traute er seinen Ohren nicht, denn so viel Rückenwind von langjährigen Verkäuferinnen und Verkäufern hatte er gar nicht erwartet. Und mit den Geschichten kam auch die Neugierde der anderen, die sich bisher zurückgehalten hatten.

Sein drittes Learning war, dass es das Commitment jedes Einzelnen braucht, damit eine Vision wirklich angenommen und umgesetzt werden kann. Jeder einzelne Mitarbeitende muss dem Wandel gegenüber offen sein, auch wenn damit Unsicherheit verbunden ist. Nur mit einem gemeinsamen Mindset wird Transformation im Unternehmen möglich.

Sein viertes Learning war, wie sehr Tools wie OKR helfen, Transparenz zu schaffen und operativ ein Gerüst für Unternehmensentscheidungen darzustellen.

Die Erarbeitung von Vision, Mission und Strategie spielten bei der Transformation des Unternehmens die zentrale Rolle. Es sind die notwendigen Schritte, um einen gemeinsamen Blick auf die Zukunft zu werfen und daraus transparente Ziele abzuleiten. Damit gelingt es, alle Akteure in ein gemeinsames emotionales Boot zu holen. Das große Ganze tritt in den Vordergrund.

## 4.4 Methodische Ansätze zur Entwicklung von Zukunftsbildern, Narrativen und Kommunikation

Eine gute Methode, um aussagekräftige Geschichten und überzeugende Narrative zu entwickeln, ist die Schaffung semantischer Räume. Die Methode hilft dabei, komplexe Texte und Konzepte klar und strukturiert darzustellen, und liefert gleichzeitig ein tieferes Verständnis für die Zusammenhänge und Beziehungen zwischen den verschiedenen Textelementen.

Die Methodik basiert darauf, Wörter und Begriffe nicht isoliert, sondern in einem Kontext zu betrachten. Man kann verschiedene Aussagen und Wörter nach ihrer Bedeutung ordnen. Ähnliche Aussagen werden in Gruppen geclustert und gewichtet. Durch die Anordnung dieser Elemente innerhalb eines Raumes werden Zusammenhänge sichtbar, und es wird klar, wie unterschiedliche Elemente miteinander interagieren. Hieraus entstehen Geschichten und Narrative. Wir schauen uns das in der Praxis an und gehen Schritt für Schritt vor.

1. **Sammeln von relevanten Begriffen oder Schlüsselwörtern:** In dieser Phase werden Aussagen zum gewählten Thema durch Interviews, Erzählworkshops, Beobachtungen und Recherchen gesammelt. Entwickeln Sie Fragen, die Sie den Mitarbeitenden stellen. Zeichnen Sie die Antworten digital auf, und tragen Sie sie zusammen. Sie können dafür eine Transkriptionssoftware verwenden, die das gesprochene Wort in geschriebenen Text umwandelt.

2. **Identifikation von Schlüsselbegriffen:** Identifizieren Sie im Team die wesentlichen Schlüsselbegriffe und Botschaften, die für Ihr Thema von Bedeutung sind. Dies kann sowohl Hauptthemen als auch Unterthemen umfassen.

3. **Aufbau von Textclustern (Themeninseln):** Diese Begriffe werden anschließend im semantischen Raum angeordnet, wobei ähnliche Begriffe nahe beieinander liegen und verwandte Konzepte miteinander verbunden werden. Der semantische Raum ist ein zentrales Tool, das für die Entwicklung strategischer Narrative und zum Strukturieren komplexer Informationen genutzt wird. Diese visuelle Darstellung ermöglicht es, neue Ideen zu entwickeln und Zusammenhänge zwischen verschiedenen Elementen herzustellen.

   Tipp: Arbeiten Sie am besten mit Karten oder Post-its. So lassen sich Texte und Aussagen, die sich wiederholen oder zueinander passen, flexibel gruppieren.

   Anschließend können die Cluster mit einem Titel oder einer Überschrift versehen werden.

4. **Mapping semantischer Beziehungen:** Untersuchen Sie die semantischen Beziehungen zwischen den Überschriften und Inseln. Dies

kann mithilfe von Konzeptkarten, Netzwerkanalysen oder anderen Visualisierungstechniken erfolgen. Es geht in diesem Schritt darum, zu analysieren, wie die Begriffe miteinander in Verbindung stehen und welche Bedeutungen sie zusammen erzeugen.

5. **Storytelling-Struktur entwickeln:** Basierend auf den semantischen Beziehungen können Sie eine Struktur für Ihre Geschichte oder Ihr Narrativ entwickeln. Überlegen Sie, wie Sie die Begriffe in eine sinnvolle und kohärente Erzählung integrieren können.

6. **Iteratives Refinement (Verfeinerung):** Die Methode der semantischen Räume ermöglicht es, Iterationen durchzuführen. Sie können Ihre Geschichte oder Ihr Narrativ anhand der erkannten semantischen Strukturen überarbeiten und immer weiter verfeinern.

### Beispiel

Die Versicherungsgruppe hatte ihre strategischen Ziele definiert und nach sechs Monaten innerhalb des Konzerns eine Mitarbeiterbefragung durchgeführt. Die Ergebnisse dieser Befragung deuteten darauf hin, dass den Mitarbeitenden eine klare und übergreifende Orientierung in Bezug auf die Strategie fehlte. Sie kritisierten die unübersichtliche Kommunikation und gaben an, dass sie gern fundierte Informationen über die Unternehmensstrategie bekämen. Gemeint waren damit nicht Zahlen und Fakten, diese waren ausreichend vorhanden, sondern es fehlte ein Verständnis für die Gesamtzusammenhänge. Also wurde die Strategieabteilung beauftragt, ein Narrativ zu entwickeln, das die Zukunftsgestaltung stärker emotionalisieren und die Mitarbeitenden besser einbinden sollte.

Im ersten Schritt wurde dazu ein Fragenkatalog erstellt, der den Mitarbeitenden vorgelegt wurde:

1. Wo siehst du das Insurance-Business in sieben bis zehn Jahren?
2. Wo siehst du deine Abteilung/Vertrieb/IT/… in sieben bis zehn Jahren?

3. Was brauchen wir als Versicherung aus deiner Sicht, um weiterhin erfolgreich zu sein?
4. Was macht uns stark?
5. Was sind unsere Schwächen?
6. Welches sind unsere größten Herausforderungen?
7. Was macht dich stolz, ein Teil des Unternehmens zu sein?
8. Wofür steht die XY Versicherung?
9. Warum wird die XY Versicherung auch 2030 noch relevant sein?
10. Wie hat sich die XY Versicherung im Laufe der Zeit verändert?
11. Gibt es eine besondere Erfolgsgeschichte, die du uns erzählen kannst?
12. Was motiviert dich jeden Tag, für die XY Versicherung zu arbeiten?
13. Was ist unsere Geschichte?
14. Was sind unsere Highlights?
15. Welche Menschen haben uns geprägt?
16. Welche Werte haben wir gelebt? Welche nicht?
17. Was sind die typischen Geschichten, die wir immer wieder erzählen?
18. Arena des Wandels: Welche Phasen haben wir durchlaufen?
19. Was sagen andere über uns, wie werden wir von außen wahrgenommen?
20. Was müssen wir unbedingt in die Zukunft mitnehmen?
21. Was ist unsere »DNA«?

Im Anschluss erfolgte eine Auswahl von 100 Mitarbeitenden aus unterschiedlichen Bereichen und Hierarchieebenen, die für die Interviews vorgesehen waren. Um die Befragten nicht zu überfordern, wurden für jeden Teilnehmenden fünf feste und zwei variable Fragen festgelegt. Die festen Fragen waren:

1. Was macht uns stark?
2. Welches sind unsere größten Herausforderungen?
3. Was macht dich stolz, ein Teil des Unternehmens zu sein?
4. Warum wird die XY Versicherung auch 2030 noch relevant sein?
5. Was brauchen wir als Versicherung aus deiner Sicht, um weiterhin erfolgreich zu sein?

Im nächsten Schritt wurde die Gesamtheit der Antworten zusammengefasst und in einen semantischen Raum übertragen.

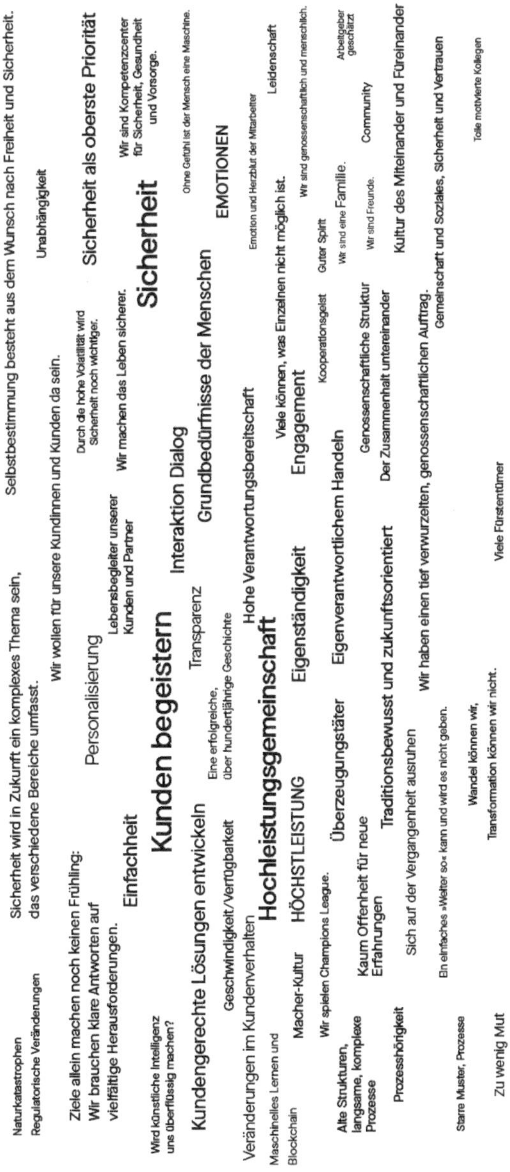

Abb. 4: Semantischer Raum als Ergebnis der internen Mitarbeiterbefragung

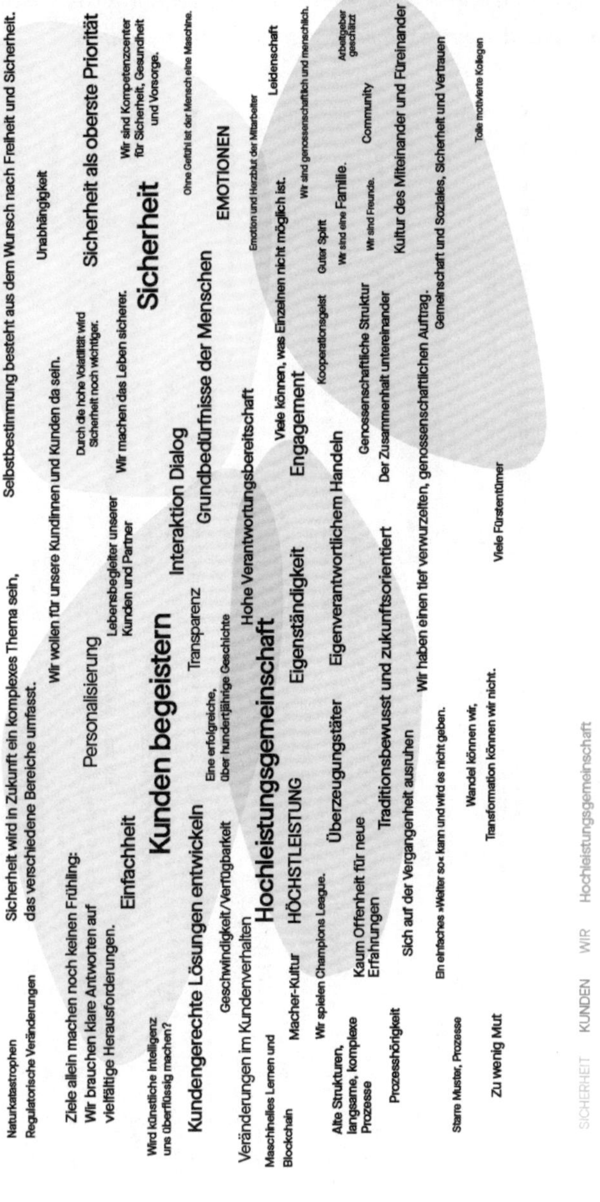

Abb. 5: Themeninseln: Den internen Prozess verdichten

Die Visualisierung zentraler Begriffe in einem semantischen Raum identifiziert Wiederholungen, die immer wieder auftauchen und eine hohe Relevanz haben. Sie wurden von den Mitarbeitenden häufig genannt und erwiesen sich somit als besonders anschlussfähig. In unserem Beispiel sind dies die Begriffe: Wir, Hochleistungsgemeinschaft, Kunden und Sicherheit.

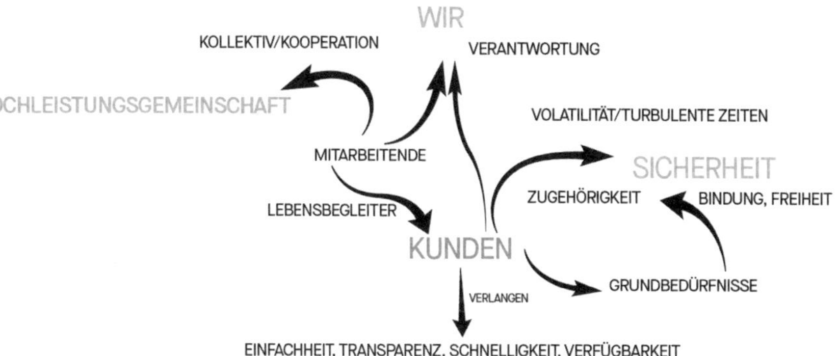


Abb. 6: Mapping semantischer Beziehungen

Im nächsten Schritt ging es darum, aus diesen zentralen Begriffen eine Storytelling-Struktur zu entwickeln und daraus eine Erzählung zu generieren, die als Hauptgeschichte definiert werden kann. Anschließend wurden Textvarianten für verschiedene Kommunikationsplattformen erarbeitet.

Für das Versicherungsunternehmen entstand mittels der semantischen Räume eine Geschichte, die in etwa so lautete:

In einer Welt des Wandels und der Krisen gewinnt Sicherheit als psychologisches Grundbedürfnis weiter an Bedeutung und Relevanz.

**Sicherheit** ist nicht nur ein individuelles Grundbedürfnis, sondern spielt auch eine entscheidende Rolle für die soziale Stabilität und die Entwicklung von Gemeinschaften und Gesellschaften.

Was bleibt, wenn künstliche Intelligenz unser Leben mehr und mehr durchdringt? Was bleibt, wenn jede Entscheidung auf einem Algorithmus beruht? Es bleibt der Mensch mit seinen Grundbedürfnissen. Sein Verlangen nach Bindung, Freiheit, Zugehörigkeit und Sicherheit.

In Zeiten wachsender Unsicherheit braucht es ein Gegengewicht. Einen Partner, der bereit ist, bei Problemen und Unsicherheiten zur Seite zu stehen.

Die Idee, das Leben der Menschen sicherer zu machen, war und ist der Kern unseres Unternehmens. Und das wird auch in Zukunft so bleiben. Dies stets zu gewährleisten, ist unser Antrieb. Jeden Tag aufs Neue.

Unsere **Stärke** ist die Gemeinschaft. Wir leben den Geist der Zusammenarbeit. Wir sind eine Macher-Kultur. Getrieben von Begeisterung. Wir glauben an Eigenverantwortung. Das hat uns erfolgreich gemacht. Und das wird uns auch in Zukunft erfolgreich machen.

Auf unsere Geschichte sind wir stolz. Auf den Geist der Zusammenarbeit.

Getragen von besonderen Menschen, die miteinander und füreinander die richtigen Lösungen für unsere **Kunden** entwickeln. Die Bedürfnisse und Lebenswelten der Kunden und der Gesellschaft verändern sich ständig. Wir wollen auch in Zukunft die Erwartungen unserer Kundinnen und Kunden und der Gesellschaft erfüllen.

Mit unseren Produkten, Dienstleistungen und Erlebnissen schaffen wir die Basis für Sicherheit, Vertrauen und Loyalität. Einfachheit, Transparenz, Schnelligkeit, Verfügbarkeit und Personalisierung sind die Eckpfeiler unserer Angebote. Mit modularen, flexiblen und individualisierbaren Produkten werden wir euch die Sicherheit in turbulenten Zeiten zurückholen.

**Wir** schaffen besondere Sicherheit für besondere Menschen, die zu ihnen passt und Ausdruck ihrer und unserer Werte und Persönlichkeit ist.

Wir wollen wie immer Lebensbegleiter unserer Kunden und Partner sein.

Was einer allein nicht schafft, das schaffen viele.

Wir lassen dich nie allein.

## 4.5 Praktische Empfehlungen und Tipps

- Es ist wichtig, dass Sie als Führungskraft viel Zeit für die Bewältigung von unvorhergesehenen Ereignissen und Krisen aufwenden. Nicht minder wichtig ist es, dass Sie bewusst Zeit für die Zukunft und Ihre langfristigen Ziele einplanen. Die Gestaltung der Zukunft erfordert eine kontinuierliche und engagierte Auseinandersetzung.
- Entwickeln Sie eine gemeinsame Vision/ein gemeinsames Zukunftsbild als Grundlage für alle strategischen und operativen Entscheidungen.
- Stellen Sie sicher, dass Ihre Vision anschlussfähig ist und nicht nur aus abstrakten Phrasen besteht. Integrieren Sie emotionale Elemente in Ihre Vision, um Ihre Mitarbeiterinnen und Mitarbeiter zu begeistern und zu mobilisieren. Zahlen und Fakten allein reichen oft nicht aus, um Menschen zu bewegen.
- Achten Sie darauf, dass die oberste Führungsebene aktiv an der Entwicklung der Vision beteiligt ist, sich zu ihr bekennt (Commitment) und mit gutem Beispiel vorangeht, um Verwirrung und Konflikte unter den Mitarbeitenden zu vermeiden.
- Formulieren Sie eine klare Mission und eine eindeutige Strategie zur Umsetzung der Vision. Übersetzen Sie Ihre Vision in eine konkrete Strategie, und legen Sie klare Ziele und Maßnahmen zur Umsetzung fest. Ohne einen klaren Fahrplan bleiben Visionen oft unerreichbare Träume.
- Sorgen Sie dafür, dass Ihre Vision im Arbeitsalltag präsent und relevant ist, indem Sie sie regelmäßig kommunizieren und in die Entscheidungen und Aktivitäten des Unternehmens einfließen lassen.
- Entwickeln Sie eine fesselnde Erzählung/Zukunftsgeschichte, um die Kommunikation effektiv vorzubereiten. Kommunizieren Sie die Zukunftsgeschichte des Wandels positiv, und bieten Sie Anreize für die Zukunft. Negative Geschichten und Dystopien erzeugen keine Veränderungsbereitschaft und führen zu Resignation.
- Stellen Sie sicher, dass die Erzählung die wesentlichen Unterschiede zwischen Gegenwart und Zukunft sowohl rational als auch emotional überzeugend erklärt und immer wieder auf das Zukunftsbild verweist. Vermeiden Sie es, an der Vergangenheit festzuhalten, und seien

Sie bereit, sich auf neue Möglichkeiten einzulassen. Die Vergangenheit kann eine wertvolle Lektion sein, aber sie sollte die Gestaltung der Zukunft nicht behindern.

- Öffnen Sie die Zukunftsgestaltung für alle Mitarbeitenden, und ermöglichen Sie eine partizipative und inklusive Planung. Die Gestaltung der Zukunft sollte nicht ausschließlich Sache des Managements sein. Stellen Sie sicher, dass alle relevanten Personen in alle Konzepte einbezogen werden.
- Entwickeln Sie ein durchdachtes Kommunikationskonzept mit verschiedenen Medien und Formaten.
- Ihre Vision sollte allen Mitarbeitenden bekannt sein und von ihnen verstanden werden.
- Mit einer klaren Kommunikation und regelmäßigen Updates können Sie die Beteiligten auf dem gleichen Stand halten. Kommunizieren Sie die Vision, das Zukunftsnarrativ und die Strategie regelmäßig über verschiedene Medien.
- Erstellen Sie eine Roadmap, und arbeiten Sie mit OKRs (Objectives and Key Results), um die Strategie schrittweise umzusetzen und zu überprüfen.
- Identifizieren Sie Leuchttürme in der Organisation, und stärken Sie diese durch kontinuierliche Erzählungen.

# *Kapitel 5*
# Kultivieren – Wandel fördern und pflegen

Wenn es uns gelungen ist, die Menschen in unserem Unternehmen zu inspirieren und für etwas Neues zu begeistern, und wenn wir zudem wissen, wie diese neue Unternehmenswelt aussehen und funktionieren kann, dann sind wir auf dem Weg des Wandels schon ein gutes Stück vorangekommen. Damit Transformation wirklich nachhaltig ist, müssen wir noch einen Schritt weitergehen. Es geht nicht nur darum, etwas Neues zu schaffen, sondern auch darum, dass es bleibt und möglichst lange von Nutzen ist. Transformation erfordert also ein kontinuierliches Bemühen und eine gezielte Pflege von unserer Seite. Mit anderen Worten: Transformation bedeutet, den Wandel aktiv zu gestalten und zu kultivieren.

Der Begriff »kultivieren« lässt sich ableiten von dem lateinischen Verb *colere* und dem Nomen *cultus* und bedeutet »anbauen, pflegen, hegen, warten, verbessern«. So geht es zum Beispiel bei der *agricultura* um die Pflege und Bearbeitung des Bodens, um ihn für menschliche Zwecke zu nutzen und fruchtbar zu machen. Ohne *agricultura* hätte der Mensch keine Kartoffeln und kein Brot, sondern nur das, was die Natur von sich aus zur Verfügung stellt: Beeren etwa und Pilze oder auch – je nach Region – nur Sand. Erst durch den Eingriff des Menschen kann die Natur Dinge produzieren, die sie aus sich selbst heraus nicht hervorbringen könnte.

Das Konzept des Kultivierens beschränkt sich jedoch nicht auf die Landwirtschaft. Wir kennen auch andere Bereiche der Kultur, etwa die Körperkultur, den Kunst-und-Kulturteil einer Zeitung und die »cultura animi« (Cicero), also die geistige Kultur. Gemeinsam ist diesen Kulturbegriffen, dass es sich stets um eine gestaltende und schaffende Kraft handelt, die sich von dem abgrenzt, was natürlich oder durch die Natur entsteht.

Wenn wir im Kontext von Unternehmenswandel von Kultivierung sprechen, möchten wir damit darauf hinweisen, dass Transformation nicht »einfach so«, sozusagen als natürlicher Prozess geschieht. Unternehmen wandeln sich zwar ständig und auch ohne unser Dazutun, aber nicht unbedingt so, wie wir uns das wünschen. Nur wenn wir kultivierend eingreifen, können wir transformative Prozesse so steuern, dass es unseren Zielen entspricht. Dabei geht es aus unserer Sicht um vier Aspekte, die wir in transformativen Prozessen im Fokus haben sollten und denen sich dieses Kapitel widmet:

1. **Individuelle Veränderungsfähigkeit**
   Transformation findet selten statt, ohne dass sich die Beteiligten selbst weiterentwickeln. Das gilt nicht nur für die Führung, sondern auch für die Mitarbeitenden in Veränderungsprozessen. Nur, wenn Wandel bei den Individuen beginnt und diese ihre Veränderungsfähigkeit bewahren, kann eine Transformation gelingen.

2. **Wandel der Unternehmenskultur**
   Kultur ist die Summe dessen, wie eine Organisation tickt, will heißen: wie sie denkt, Dinge wahrnimmt, fühlt und handelt.[1] In Zeiten des Wandels muss es darum gehen, die Kultur eines Unternehmens so zu entwickeln, dass sie dem Transformationsziel dient. Das gelingt nicht, indem man den Regelkanon oder die Compliance-Richtlinien ausweitet, sondern indem man neue Gewohnheiten etabliert. In der Regel wird man feststellen, dass die Kultur eines Unternehmens oder einer Organisation äußerst widerstandsfähig ist und sich eher langsam verändert. Man kann dies in den meisten Fällen weder durch Anweisungen noch durch gezielte Maßnahmen beschleunigen. Deshalb braucht man Pflege und Geduld.

3. **Führung in transformativen Zeiten**
   Führung ist immer Teil eines sozialen Systems und von einer bestimmten Umwelt mit spezifischen Herausforderungen geprägt. Somit gibt es keinen fest definierten Führungsstil für die Transformation. Die heutigen Führungsaufgaben sind viel zu komplex, als dass sie durch starre Formeln bestimmbar wären. Dennoch gibt es bestimmte Themenschwerpunkte, die für Führung in transformativen Zeiten aus unserer Sicht unverzichtbar sind.

4. **Die Bedeutung von Selbstreflexion in Zeiten des Wandels**
   Selbstreflexion bedeutet, aus vergangenen Ereignissen und gemachten Erfahrungen zu lernen. Durch einen ehrlichen Rückblick auf unsere Denkmuster, Paradigmen, Überzeugungen und Handlungen können wir wichtige Erkenntnisse für Neues gewinnen. Diese Erkenntnisse bilden die Grundlage für zukünftiges Handeln und ermöglichen einen effektiveren Umgang mit Veränderungen.

## 5.1 Individuelle Veränderungsfähigkeit

»Sei du selbst die Veränderung, die du dir am meisten wünschst für diese Welt.«
*(Mahatma Gandhi)*

Seit 2001 veröffentlicht das Gallup Institut Deutschland den Engagement-Index und erhebt dafür Daten, die Auskunft geben über die empfundene Arbeitsplatzqualität von Mitarbeitenden. Das Ergebnis: Die Anzahl der emotional nicht an das eigene Unternehmen gebundenen Mitarbeiterinnen und Mitarbeiter war 2023 auf einem Höchststand seit 2012. Fast ein Fünftel der deutschen Beschäftigten ist emotional nicht gebunden und fast die Hälfte gar auf der Suche nach einem neuen Arbeitsplatz.[2] Der Grund dafür wird oft angegeben mit der mangelnden Führungskompetenz vieler Führungskräfte. Positive Beziehungen zu Vorgesetzten, Kollegen und Mitarbeitenden spielen eine entscheidende Rolle für die Identifikation mit und die Loyalität zum Unternehmen. Auch viele psychosomatische Erkrankungen haben ihren Ursprung in negativen zwischenmenschlichen Beziehungen, gerade im Arbeitsumfeld.

Bevor wir die zwischenmenschlichen Beziehungen betrachten, müssen wir jedoch einen Schritt zurücktreten. Denn für gute Beziehungen zu anderen brauchen wir zunächst eine gute Beziehung zu uns selbst. Insbesondere in den modernen Unternehmen, in denen strenge Hierarchien nicht mehr tragfähig sind, braucht es einen eigenen inneren Kompass, der uns in dem komplexen Umfeld, in dem wir leben, leitet. Da jede Transformation, jeder Unternehmenswandel eine Herausforderung für alle Beteiligten ist, ist die Stabilität und Wandlungsfähigkeit jedes Einzelnen von zentraler Bedeutung. Nur eine gute Beziehung zu sich selbst ermöglicht gute und gesunde Beziehungen zu anderen. Im Folgenden benennen wir einige unserer Meinung nach zentrale Aspekte für die innere Stabilität und Integrität von Menschen.

## Autor des eigenen Lebens sein

Gerade in Zeiten unternehmerischen Wandels wollen Menschen manchmal lieber Opfer sein und finden zahlreiche Gründe dafür. »Mir wird Unrecht angetan, ich habe Besseres verdient, die anderen sind schuld, ich habe zu viel Arbeit ...« Wir alle kennen das Bild des Hamsterrades, das gerne bemüht wird, um das angestrengte – und oft als ergebnislos empfundene – Bemühen im Arbeitsleben zu beschreiben. Das Problematische an diesem Bild ist, dass jene, die im Hamsterrad sitzen, Objekte und Opfer von äußeren Umständen sind beziehungsweise sich so empfinden: Wir arbeiten nicht, sondern werden gearbeitet. Wir empfinden uns nicht als Gestalter mit eigenen Entscheidungen, sondern außerhalb jeder Gestaltungsmöglichkeit. Wir sind nicht Autorin oder Autor unseres Lebens, sondern unser Lebensbuch wird von anderen geschrieben. Dass diese Haltung höchst problematisch ist, liegt auf der Hand.

Der Bestseller-Autor Stephen R. Covey hat in diesem Kontext den Begriff der »Pro-Aktivität« entwickelt.[3] Er besagt, dass wir Menschen fähig sind, frei zu entscheiden. Wir sind keine Pawlowschen Hunde, deren Reaktionen durch bestimmte Reize konditioniert sind. Wir müssen keine schlechte Laune haben, weil es draußen regnet oder der Chef nicht gegrüßt hat. Wenn wir wollen, haben wir andere Optionen. Covey weiß: »Zwischen Reiz und Reaktion hat der Mensch die Freiheit zu wählen.«[4] Dahinter verbirgt sich die Überzeugung, dass wir zwar nicht immer die Umstände unseres Lebens verantworten, gleichwohl aber die Haltung, mit der wir auf Erlebtes reagieren. Das bringt uns selbst in die Verantwortung. Damit sind wir, trotz oft nicht steuerbarer Gegebenheiten, nicht Opfer, sondern Autorin oder Autor unseres eigenen Lebens und haben immer die Möglichkeit, Dinge und Geschehnissen durch die eigene Brille zu sehen und uns auf den eigenen Einflussbereich zu konzentrieren.

Sich dieser Gestaltungsfreiheit bewusst zu sein, macht uns zum Autor des eigenen Lebens und lässt uns das Opferdenken überwinden. In Transformationsprozessen ist es ein wichtiger Lernprozess, die eigene Haltung zu prüfen, das eigene Opferdenken zu entlarven und die Opferhaltung abzulegen. Ohne das Bewusstsein der eigenen Pro-Aktivität können Beschäftigte keine Veränderungsfähigkeit entwickeln und keinen konstruktiven Beitrag zum Wandel leisten beziehungsweise diesen mitgestalten.

## Zustand der Kohärenz

Wie wichtig das Bewusstsein der eigenen Pro-Aktivität ist, zeigt sich auch in unserem Streben nach Kohärenz, also nach einer inneren Stimmigkeit und nach Zusammenhalt. Im Zustand der Kohärenz entscheiden wir uns für ein Verhalten und für Lösungen, die unseren eigenen Werten entsprechen. Wir fügen uns nicht blind traditionellen oder vorgegebenen Werten, sondern streben nach einer persönlich empfundenen Harmonie. Dieses persönliche Gespür für das, was gut und richtig ist, ist wie ein Kompass, der uns für ein sinnvolles, erfüllendes Entscheiden und Handeln die Richtung weist.

Wenn wir dagegen mit inneren Widersprüchen kämpfen, unser Denken, unser Fühlen und unser Handeln nicht zusammenpassen, verbrauchen wir viel Energie – es kommt keine Ruhe ins Hirn. Wir sind stresssensibel und nicht in unserer vollen Leistungsfähigkeit.

Wenn wir in Übereinstimmung mit unseren Werten leben, sind wir erfüllt und können leichter mit Herausforderungen und Schwierigkeiten umgehen.[5] Insofern ist es wichtig, dass wir unsere Werte kennen und uns mit ihnen auseinandersetzen.

### Beispiel

Sonja war eine Erfolgsfrau und hatte schnell Karriere gemacht, dabei unterschiedliche Positionen in mehreren Konzernen innegehabt. Doch auf diesem Weg hatte sie sich irgendwann selbst verloren. Sie hatte kein Gespür mehr dafür, was sie wirklich wollte, wer sie wirklich war, wie sie sich ihre Zukunft vorstellte. Sie hatte vor allem keinen Zugang mehr zu ihrem Herzen, was ihre Beziehungen zu sich selbst und anderen schwierig machte. Sie fühlte sich leer und konnte außer ihrem Karrierestreben nicht mehr viel von sich selbst wahrnehmen. Nach vielen Monaten mit 80-Stunden-Wochen voller Arbeit saß sie in einem Flugzeug und weinte lange. Die vielen Arbeitsstunden waren ein Grund dafür, das Entscheidende jedoch war das Gefühl, in ihrer Position nicht ihren Werten zu entsprechen. Das war der Start für ihre »innere Karriere«. Ein wichtiger Meilenstein dafür war ein Coaching mit einem Werte-Coach. Sie wusste vorher nicht, dass es so etwas überhaupt gab. Das Arbeiten mit ihm sollte sich jedoch als Gamechanger in ihrem Leben erweisen.

Der Prozess dauerte länger als erwartet. Nach zwei Gesprächen über ihre aktuelle Lebenssituation, ihre Träume, ihre Ängste, ihre Vision für ihr Leben kam die Substanzarbeit. Über drei Monate notierte Sonja nach Vorgabe des Coaches jeden Tag, was in ihrem persönlichen, familiären und beruflichen Leben gut war und warum und was warum schlecht war. Dieses sogenannte Journaling war enthüllend. Die Ergebnisse zeigten genau, welche Werte für Sonja unverhandelbar waren. Von der Longlist kam sie gemeinsam mit ihrem Coach zu einer Shortlist, die ihre fünf wichtigsten Werte definierte. Diese fünf Werte waren in der Vergangenheit für Sonja immer mit Glück, Erfüllung, Zufriedenheit verbunden. Natürlich war auch der Umkehrschluss eindeutig.

Für Sonja änderte sich durch diese Arbeit viel. Sie lernte, ihre eigenen Werte in den Mittelpunkt zu stellen und danach zu handeln. Diese neue Perspektive fühlte sich wie eine Befreiung an. Wenn sie fortan in schwierige Situationen kam, konnte sie immer auf ihr Wertesystem zurückgreifen, was ihr eine klare Entscheidungsbasis und innere Sicherheit gab. Für die drei Bereiche des Lebens, persönlich, familiär und beruflich, gab es für sie fortan klare Regeln, was für sie zu tun war und was nicht.

Ein Beispiel: Einer der fünf wichtigen Werte von Sonja lautete: »Inspiration – immer große Räume suchen«. Sonja formulierte diesen Wert für sich so: »Ich möchte mich nur mit Menschen umgeben, die in großen Räumen denken und mich entsprechend meinem positiven Potenzial behandeln (wie ich sein kann, nicht wie ich gerade bin). Ich möchte keine Menschen um mich haben, die mich eingrenzen und kleinmachen.«

Nach und nach verabschiedete sich Sonja zum Beispiel von Menschen in ihrem Leben, die über andere lästerten, alles eher negativ sahen, ein »closed mindset« hatten statt eines »growth mindset«. Für ihr familiäres Leben bedeutete dieser Wert vor allem, dass sie ihren Töchtern viel Freiraum ließ, ihnen zwar beratend zur Seite stand, aber ihre Welt immer groß machte und sie nicht einschränkte. Für ihre beruflichen Entscheidungen forderte Sonja große Gestaltungsräume und lehnte politische Spielchen und begrenzendes Selfmarketing ab. Deshalb war sie Unternehmerin geworden. In den Unternehmen, die sie führte, achtete sie besonders auf eine klare Governance und ihre persönlichen Gestaltungsräume. Zudem schaffte sie auch für ihre Mitarbeitenden die großen Räume und Entscheidungsspielräume, die sie selbst benötigt.

## Die Idee der »egofreien Zone«

Der Autor Eckart Tolle schreibt in seinem Buch *Eine neue Erde* sehr ausführlich über das »Ego« in Abgrenzung zum »Selbst«: »Das Ego ist vollkommen von der Vergangenheit geprägt.«[6] Der Gegenpol zum Ego ist laut Eckart Tolle unsere wahre Natur, die er »Selbst« nennt. Die Summe des Egos ist das, was wir uns selbst oder andere uns nach äußerlichen Kennzeichen und Eigenschaften zuschreiben. Ein überbewertetes Ego kann oft zu Stolz und Arroganz führen. Es beraubt uns unserer inneren Kraft, weil der Fokus auf dem Äußeren liegt. Bis zu einem gewissen Grad gibt uns unser Ego zwar Sicherheit, aber die negativen Ausprägungen eines zu starken Egos sind gerade im Unternehmensumfeld fatal. Denn ein zu starkes Ego grenzt andere in der Arbeitswelt ab und aus, es macht andere zu Objekten und verschlingt Energien.

### Beispiel

Brittas erste Position bei einem großen Konsumgüterhersteller sollte die des Junior Assistenten »auf« einen Schokoladenriegel sein. In der ersten Mittagspause in der Kantine stellten sich die Kolleginnen und Kollegen vor, und alle saßen »auf« etwas: Schokolade, Mayonnaisen und Ketchup, Kaffee. Man unterhielt sich in einer etwas eigenen Sprache und offenbar galt auch eine besondere Hackordnung. Neben dem Produktmanager der größten Kaffeemarke saß der Produktmanager einer Nischenmarke, der verantwortlich für weniger Umsatz und Profit und deshalb dem Kaffeeproduktmanager untergeordnet war, was sich in Selbstbewusstsein und Habitus übersetzte. Britta war offenbar in eine ganz eigene Welt getreten.

Nach einer Woche lernte Britta ihren direkten Vorgesetzten Thomas kennen. Sein Ruf eilte ihm voraus. Die Meinungen über ihn reichten von »der größte Egomane, den ich jemals getroffen habe« bis hin zu »eine visionäre und schillernde Persönlichkeit«. Als Britta ihn das erste Mal sah, zuckte sie zusammen. Thomas hatte kalte Augen, wie die eines zum Angriff bereiten Adlers. Nach ein paar Tagen ging Britta in sein Büro, um eine Frage zu stellen. Wortlos zeigte er zunächst auf ein Schild mit dem Text: »WSSV – Was schlagen Sie vor?«, dann auf die Tür. Die Botschaft war klar: »Wenn du ein Problem hast, komm mit einer Lösung, sonst stehe ich nicht zur Verfügung.« Britta nahm das zunächst als Ansporn und präsentierte ihm einige Male Fragen und Lösungen in einem. Dennoch flog sie weitere Male aus seinem Büro, weil ihre Lösungen aus seiner Sicht nicht gut genug waren. Zunächst war Britta beeindruckt: Thomas war intelligent und bemerkte die Ungenauigkeiten und Fehler anderer treffsicher. Ihm schien es egal zu sein, was andere über ihn dachten.

Schon bald aber fand Britta seinen ausgrenzenden und aggressiven Führungsstil, seine Anfeindungen und Einschüchterungen allen anderen gegenüber befremdlich. Sie war erstaunt, dass jemand wie Thomas so schnell Karriere im Konzern gemacht hatte. Und sie fragte sich, ob sie in einem Unternehmen arbeiten wollte, in dem solche Menschen wie Thomas Führungspositionen innehaben. Sie hatte im Laufe ihrer Karriere die Erfahrung gemacht, dass die intelligentesten Menschen im Raum meist nicht die sind, die dominant auftreten, sondern jene, die freundlich, respektvoll und dabei klar sind.

Ein großes Ego, gerade von Führungspersonen, nimmt oft den Fokus von den Inhalten, begrenzt Mitarbeitende in ihrer Entwicklung, bremst Transformation damit aus und kann einem Unternehmen mehr schaden als nutzen. Besonders fatal daran ist, dass Herablassung und patriarchalische Führung oftmals durch das gesamte Unternehmen nach unten durchgereicht werden und sich multiplizieren. Jede Führungskraft, die unter der Willkür und Herrschsucht ihres Chefs gelitten hat, hat dies, oftmals gar potenziert, an seine Mitarbeitenden weitergegeben – auch wenn sie oder er eine dominante Führung vorher unerträglich fand.

Die positive Entwicklung im Umgang mit zu großen Egos ist eine sensible bis kritische Haltung, die sich durch alle Generationen zieht, wobei die jüngste Generation Z besonders empfindlich reagiert. Vielleicht kann man dies als Zeichen deuten, dass es für Führungskräfte mit zu großen Egos zukünftig keinen Platz mehr gibt und sich in den Unternehmen immer mehr »egofreie Zonen« entwickeln.

## Total Fitness

Manager sind oft gut im Tun. Termine wahrnehmen, Meetings durchführen, Reden halten. Sie haben ein hohes Energielevel und eine gute mentale Fitness, sie sind belastbar und konzentrationsfähig. Weniger ausgeprägt ist in den meisten Fällen ihre spirituelle und emotionale Kompetenz. Laut Philipp Johner sind jedoch alle vier Bereiche Voraussetzung für ein erfolgreiches und erfülltes Leben: Körper, Herz, Kopf und Geist.[7] Johner nennt dies »Total Fitness«, und sie umfasst die physische Fitness (Energie), die emotionale Fitness (Beziehungskompetenz), die mentale Fitness (Konzentrationsfähigkeit) und die spirituelle Fitness (Orientierung). Gerade in einer Transformation, die für alle Akteure herausfordernd ist, benötigen wir unsere komplette Fitness. Wir können es uns nicht leisten, die Hälfte unseres menschlichen Potenzials brachliegen zu lassen. Es gilt also, physisch trainiert, emotional verbunden, mental fokussiert und spirituell orientiert zu sein. Der Weg dahin kann sehr individuell sein.

Ein möglicher Weg hin zu einer guten emotionalen Fitness ist Achtsamkeit. Achtsam dem gegenwärtigen Moment gegenüber, achtsam dem Menschen gegenüber, der vor einem sitzt. Menschen merken, ob das Gegenüber präsent ist oder nicht. Immer wieder lesen wir von beeindruckenden Menschen, die durch Sekunden der Präsenz das Leben anderer beeinflussen können. Der Dalai Lama scheint ein solcher Mensch zu sein. Wenn er einen Raum betritt, schaut er nacheinander jedem Anwesenden in die Augen, hält einen kleinen Moment inne und lächelt. Aus dem Hatha-Yoga kennt man den Ausspruch »Energy flows, where awareness goes«, den man sich auch als Nicht-Yogi zunutze machen kann.

Ein altes und sehr einfaches Hilfsmittel, um die eigene Achtsamkeit und Präsenz zu trainieren, ist bewusstes Atmen. Allein die Wahrnehmung des eigenen Atmens, ohne Kommentar und Bewertung, bringt Ruhe und stellt das Denken zumindest für kurze Zeit ab. Es tut gut, seinen Tag mit einfachen Atemübungen zu beginnen und zwischen Meetings immer mal wieder ein paar Minuten bewusst zu atmen.

Achtsamkeit lässt sich auch üben, indem man sich bewusst auf den gegenwärtigen Moment konzentriert, ohne Urteile zu fällen oder zu bewerten. Man beobachtet, was ist – auch die eigenen Gedanken –, ohne sich damit zu identifizieren. Ein guter Ort, um die eigene Achtsamkeit zu schulen, ist die Natur. Die Natur kann helfen, den Geist zu beruhigen und das Bewusstsein für den gegenwärtigen Moment zu schärfen. Indem wir diese Praktiken regelmäßig üben, können wir den Zustand der Präsenz kultivieren und ein Leben in größerer Achtsamkeit und in guter Beziehung zu uns selbst führen.

### Beispiel

Als Teil ihrer »inneren Karriere« versuchte Sonja zu verstehen, wann es ihr wirklich gut ging. Was gab ihr Energie, und was raubte ihr Energie? Was entsprach ihren nicht verhandelbaren Werten, was nicht? Das war kein einfacher Weg. Mal trieb sie viel Sport, folgte Coaches, die neue Programme für persönliches Wachstum auf den Markt brachten. In anderen Phasen besuchte sie spirituelle Retreats. Sie arbeitete an ihrer Achtsamkeit für die kleinen Dinge des Lebens. Nach einiger Zeit kristallisierte sich ihr eigener, individueller Weg heraus. Eine wichtige Erkenntnis war, dass sie nicht in allen Bereichen (physisch, emotional, mental, spirituell) ein Superstar sein musste, es andererseits aber gut war, täglich in jeden der vier Bereiche einzuzahlen, um sich in Balance zu fühlen.

Für ihre physische Gesundheit treibt Sonja an drei Tagen in der Woche Sport. An den anderen Tagen führt sie kleine Übungen als leichte Bewegungseinheit durch oder macht Spaziergänge, um täglich eine Einheit

Bewegung zu haben. Für ihre emotionale Gesundheit versucht sie, die Gespräche mit Mitarbeitenden und Kunden immer mit höchstmöglicher Achtsamkeit und Präsenz zu führen. Für ihre mentale Gesundheit plant sie ihre Tage im Büro und ihre Aufgaben so, dass der Fokus und die zu erreichenden Ziele jeden Tag eindeutig sind. Sie blockt drei Slots am Tag à 30 Minuten, um ungestört und fokussiert an diesen Zielen zu arbeiten. Für ihre spirituelle Gesundheit meditiert sie morgens 15 Minuten.

**Fazit**

In Zeiten einer Transformation ist es von zentraler Wichtigkeit, dass die Menschen im Unternehmen eine gute Beziehung zu sich selbst und eine belastbare Stabilität haben, um die Veränderungen mitzugehen. Dies gilt in besonderem Maße für CEOs, Unternehmerinnen und Unternehmer sowie Führungskräfte. Natürlich erfüllen nie alle Mitglieder einer Organisation diese Voraussetzung. Deswegen ist es Aufgabe des Unternehmens, die einzelnen Mitarbeitenden in ihrer persönlichen Entwicklung zu fördern, damit Transformation nicht als Bedrohung, sondern als Bereicherung empfunden wird. Eine Begleitung durch einen Coach, intern oder extern, ist meistens sinnvoll und wertschöpfend.

## 5.2 Wandel der Unternehmenskultur

In jedem Unternehmen gibt es eine spezifische Unternehmenskultur. Diese Kultur entsteht in allen Systemen, in denen Menschen miteinander interagieren. Sie bildet sich nicht durch festgelegte Vorschriften oder proklamierte Werte, sondern manifestiert sich durch die tatsächlich gelebte Praxis, oft innerhalb informeller Strukturen. Es ist unrealistisch, dass ein Unternehmen sämtliche Aspekte seiner Kultur formal regelt. Hierdurch würde es seine Anpassungs- und Lernfähigkeit verlieren.

In Zeiten des Wandels können kulturelle Regeln jedoch hinderlich sein, da sie Veränderungen erschweren können. Wie die Unternehmerin und Beraterin Christina Grubendorfer treffend bemerkt: »Kulturelle Regeln werden zu Unrecht als ›weicher Faktor‹ abgetan, denn sie können verdammt harte Probleme verursachen […] Wer sie ignoriert, wird blockiert. Wer sie bricht, riskiert Ausgrenzung. Wer versucht, sie zu verändern, muss sich warm anziehen, denn sie wehrt sich vehement, oder sagen wir, sie wird verteidigt. Es ist in ihr selbst angelegt, dass sie schwer zu verändern ist.«[8]

Ein schönes Beispiel, wie formelle Strukturen, die eher hinderlich als hilfreich sind, ausgehebelt werden, veranschaulicht folgende Illustration:

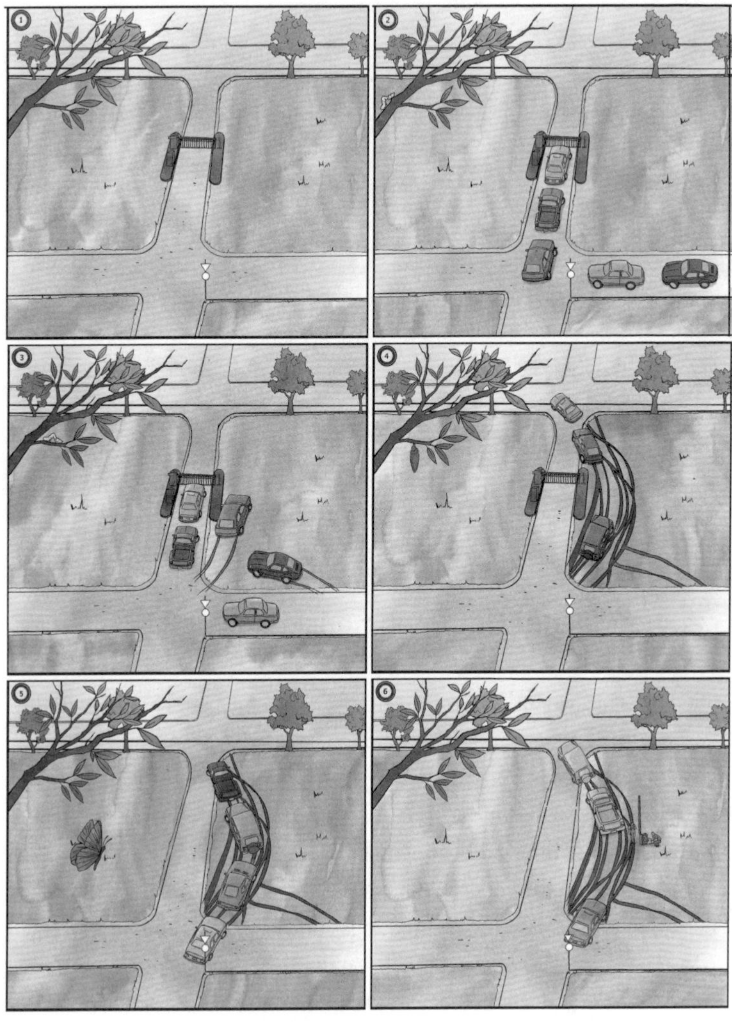

Abb. 7: Aus Spuren werden Wege

Wie in Abbildung 7 zu erkennen ist, wollte man hier eine Zufahrt durch eine Schranke begrenzen. Die verantwortlichen Entscheidungsträgerinnen und -träger hatten sicherlich einen Beweggrund, als sie diese Maßnahme ergriffen. Sie hatten bestimmte Erwartungen, wo die Autos zu fahren haben. Doch neben dem erwarteten Weg bildeten sich unerwartete Spuren aus. Irgendjemand hinterließ die erste, kaum sichtbare Spur. Diese Person hatte eine andere Idee als die Entscheidungsträgerinnen und -träger, eine Idee, die vielleicht Zeit sparte. Auch die zweite Person dachte über den Weg nach und folgte der Lösung ihres Vorgängers oder ihrer Vorgängerin. Dies wiederholte sich so lange, bis sich das Muster eines alternativen Weges herausgebildet hatte. Dieser neue Weg etablierte sich zu solch einer festen Gewohnheit, dass die Autofahrerinnen und -fahrer gar nicht bemerkten, dass die Schranke nicht mehr da war. Solche häufig benutzten Spuren kanalisieren das Verhalten der Menschen. Sie schaffen Klarheit für die Mitglieder der Organisation darüber, was in der Organisation als gut und nicht gut gilt, was erlaubt beziehungsweise nicht erlaubt ist, was belohnt und was bestraft wird, was funktioniert und was nicht funktioniert. Auf diese Weise entwickeln sich Überzeugungen, Verhaltensregeln und Gewohnheiten, die – zumindest retrospektiv – förderlich für das Erreichen des Organisationszwecks und ihrer Ziele sind.

Kultur wird somit gelernt. Die Wege entstehen aus der Erfahrung der Gruppe und werden als Verhaltensnorm weitergegeben. Treten keine größeren Probleme auf, gehen die Mitglieder einer Organisation davon aus, dass ihre bisherigen Vorgehensweisen – Routinen, Gewohnheiten oder Traditionen – auch in Zukunft den Erfolg sichern werden.

In Phasen des Wandels ist es zwar immer eine Herausforderung, die Kultur in eine bestimmte Richtung zu lenken, da sie eine emergente Eigenschaft des Systems ist. Aber sie einfach unreflektiert zu lassen, wird sich früher oder später negativ auf den Wandel auswirken. Es ist schwierig, direkt an ihr zu arbeiten. Die einzige Möglichkeit, sie indirekt zu beeinflussen, besteht darin, sie geschickt zu nutzen.

**Beispiel**

An seinem ersten Abend beobachtete der neue CEO von seinem Bürofenster aus einen Mitarbeiter, der, als schon alle anderen Mitarbeiterinnen und Mitarbeiter das Büro verlassen hatten, vor der Eingangstür des Bürohauses kniete, um ein Kaugummipapier aufzuheben. Der CEO war beeindruckt. Der Mitarbeiter hatte das augenscheinlich gemacht, weil es ihm wichtig war, dass der Eingang des Bürohauses ordentlich aussah. Er hatte weder einen persönlichen Vorteil davon noch konnte er davon ausgehen, dass seine Aktion von jemandem gesehen wurde. Zur Kultur dieses Unternehmens gehörte es offenbar, gemeinsam in der Verantwortung für das Unternehmen und seinen Eindruck nach außen zu stehen.

## 5.3 Führung in transformativen Zeiten

In den letzten Jahren wurde kaum ein Thema in der Wirtschaft so intensiv diskutiert wie das der Führung. Insofern sollte bereits alles zu diesem Thema gedacht, gesagt und geschrieben worden sein. Und in der Tat liegt es uns fern, weitere Ideen und Führungskonzepte dazu zu liefern. Unsere Aufmerksamkeit möchten wir vielmehr darauf richten, unser Verständnis von Führung in Zeiten der Transformation zu vertiefen. Wir fragen uns, welche Rolle und Funktion Führung in diesem Kontext hat. Heutzutage wissen wir, dass Führung immer Teil eines sozialen Systems ist, in einem Kontext steht und von einer bestimmten Umwelt mit spezifischen Herausforderungen geprägt ist. Somit gibt es nicht den einen Führungsstil oder bestimmte Eigenschaften, die in jeder Organisation vorteilhaft sind. Führung ist immer situations- und kontextabhängig.

Führung, die einseitig interpretiert wird, ist aus unserer Sicht dysfunktional. Denn Führung bedeutet immer ein Ausloten zwischen mehreren Polen. Die Führungsaufgaben in den heutigen Organisationen sind viel zu komplex, als dass sie durch starre Formeln bestimmbar wären. Vielmehr geht es bei Führung um Ausbalancierungen: Wie können wir Innovation und Tradition verbinden? Binnen- und Außenorientierung? Kundenwünsche und Mitarbeiterinteressen? Verschwiegenheit ebenso wie Ehrlichkeit, Entschlossenheit ebenso wie Zurückhaltung, Handeln genauso wie Beobachtung?

Wir schlagen deswegen folgende Themenschwerpunkte zum Thema Führung in Zeiten des Wandels vor:

## Führung als Prüffunktion für die Überlebensfähigkeit des Unternehmens[9]

Die zentrale Aufgabe der Führung im Wandel ist die Sicherung der Zukunfts- und Lebensfähigkeit des Unternehmens. Dies erfordert eine kontinuierliche Weiterentwicklung des Unternehmens. In dieser Phase liegt die Hauptverantwortung der Führung darin, das eigene Unternehmen kritisch zu hinterfragen und voranzutreiben. Es ist wichtig, regelmäßig zu reflektieren, wo das Unternehmen steht, wie es derzeit funktioniert, welche Mechanismen und Paradigmen es antreiben und ob diese auch für die erwartete Zukunft funktional sind.

## Die Fähigkeit zur Resonanz als Schlüsselqualität erfolgreicher Führung

Resonanzfähigkeit bezeichnet die Fähigkeit eines Systems oder einer Person, auf äußere Reize und Einflüsse sensibel zu reagieren. Denn wer in der Lage ist, unsichtbare und subtile Schwingungen und Signale wahrzunehmen, wird Beobachtungen machen, die zu wirklichen Veränderungen führen. Wir Menschen sind von Natur aus resonanzfähig und darauf angewiesen, Resonanz nach innen und außen zu erfahren. Deswegen sollten Führungskräfte die Kunst der Resonanzregulierung beherrschen.

Das bedeutet zum einen, dass Führung in der Lage sein sollte, wesentliche Themen von außen aufzuspüren – Signale von Kundinnen, Kunden und Märkten zu erkennen und angemessen darauf zu reagieren. Zum anderen erfordert es die Entwicklung der Fähigkeit, mit Mitarbeitenden sowie Kolleginnen und Kollegen auf einer tieferen emotionalen Ebene in Kontakt zu treten und effektiv zu kommunizieren. Die Führungskraft muss die Kunst beherrschen, angemessen und einfühlsam auf die Aussagen, Bedürfnisse oder Gefühle anderer zu reagieren und dabei die mächtigen Resonanzinstrumente der menschlichen Gefühle zu nutzen.

Dabei ist die richtige Dosierung entscheidend. Zu viel Resonanz kann überwältigend sein, und man kann Gefahr laufen, die eigenen Ziele aus den Augen zu verlieren. Durch die Entwicklung unserer Resonanzfähigkeit öffnen wir uns auch für authentische Verbindungen mit anderen und stärken unsere Fähigkeit zu Mitgefühl und Kooperation. Eine hohe Resonanzfähigkeit auf der Führungsebene kann daher dazu beitragen, ein System flexibler und anpassungsfähig zu halten.

## Erfolgreiche Führungskräfte integrieren Widersprüche und Polaritäten

Es ist von entscheidender Bedeutung, dass Organisationen, insbesondere jedoch Führungskräfte, das Konzept der Polarität verstehen und lernen, damit umzugehen. Dies wird zunehmend wichtig, da wir in immer komplexeren Gesellschaften und Systemen leben, die sich kontinuierlich verändern und somit schwerer planbar werden.

Das Prinzip der Polarität besagt, dass alles, was existiert, einen Gegensatz hat, also gewissermaßen doppelt ist. »Gegensätze sind von Natur aus gleich, lediglich in ihrer Ausprägung unterschiedlich; Extreme treffen aufeinander; alle Wahrheiten sind nur Halbwahrheiten; alle Paradoxa lassen sich in Übereinstimmung bringen.«[10] Die Herausforderung besteht darin zu erkennen, dass man Dinge unterscheiden kann, ohne sie notwendigerweise voneinander zu trennen. Im Gegenteil, gegenüberstehende Pole ergänzen sich in der Regel und sind aufeinander angewiesen. Sie befinden sich in ständiger Wechselwirkung, da sie unterschiedliche Ausdrucksformen ein und derselben Essenz sind. Es gilt also, beide Seiten als ein zusammenhängendes Ganzes zu betrachten, das sich gegenseitig beeinflusst. Es gibt keine Verurteilung oder Ausgrenzung einer Seite. Es wäre fatal, sich auf eine Seite festzulegen. Früher wurde in Führungskräfteseminaren oft ein »Mehr« als Empfehlung gegeben. Allerdings waren diese Ratschläge eher eindimensional und behaupteten, dass »mehr von etwas« automatisch besser ist: mehr Teamarbeit, mehr Kundenorientierung, mehr Kontrolle und so weiter. In der Polaritätslogik bedeutet »mehr« jedoch gerade nicht »besser«. So kann mehr Teamarbeit beispielsweise gleichzeitig zu weniger Individualismus, weniger Eigenverantwortung und weniger Zufriedenheit der Mitarbeitenden führen. Kluge Führungskräfte wissen, dass das Optimum nicht am Ende einer Skala liegt, sondern irgendwo zwischen den Polen.[11]

Ähnlich kritisch ist der Umgang mit Widersprüchen in der traditionellen Führungslogik. Es gibt eine fatale Sehnsucht nach Eindeutigkeit und Klarheit, wir wollen immer das eine Richtige. Als moderne Gesellschaft mit ihren sozialen Systemen wie Organisationen und Unternehmen müssen wir aber täglich mit Brüchen und Widersprüchen umgehen. Der Erfolg unserer Zusammenarbeit wird davon abhängen, inwieweit wir in der Lage sind, unterschiedliche Interessengruppen und Bedürfnisse zu akzeptieren und sinnvolle Kompromisse zu schließen, ohne dabei eine unflexible, zwanghafte Haltung einzunehmen.

In Zeiten des Wandels benötigen Führungskräfte eine hohe Ambiguitätstoleranz, um Widersprüche und Mehrdeutigkeiten nicht abzulehnen, sondern als gegeben zu akzeptieren. Mehr noch: Wir können Widersprüche sogar als Quelle der Entwicklung begrüßen, um aus ihnen in einem Veränderungsprozess Neues entstehen zu lassen. Führung in Zeiten des Wandels braucht Logiken, die Widersprüche nutzen, sie aufgreifen und nicht bekämpfen.[12]

## Führung in unterschiedlichen Phasen einer Transformation

Larry E. Greiner, Professor für Management und Organisationstheorie in Kalifornien, war der Ansicht, dass wachsende Organisationen fünf typische Entwicklungsphasen durchlaufen. In den 1970er-Jahren hat Greiner dazu ein Modell entwickelt, das die verschiedenen Phasen beschreibt, die Unternehmen durchlaufen, sowie die typischen Herausforderungen und Krisen, die in jeder Phase auftreten können. Da jede dieser Phasen von der vorangegangenen angekündigt und beeinflusst wird, kann sich eine

Unternehmensführung frühzeitig auf die nächste Wachstumskrise einstellen und sie gegebenenfalls als Chance nutzen.

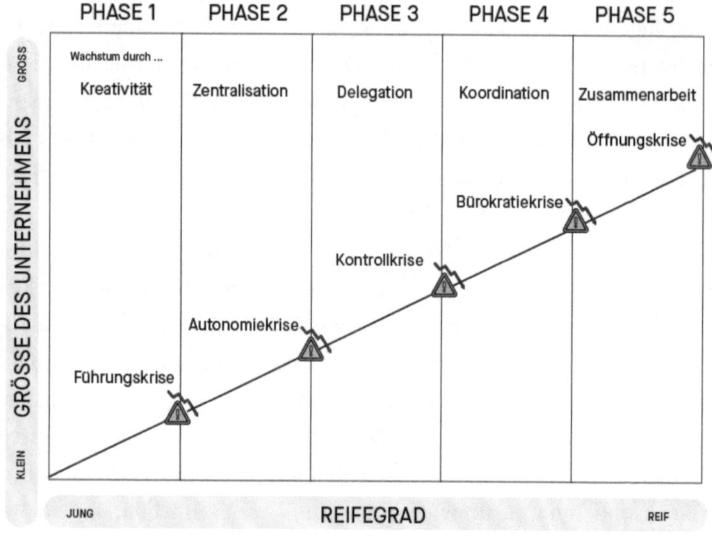


Abb. 8: Die fünf Wachstums- und Krisenphasen eines Unternehmens nach Larry E. Greiner

Auch wenn kein Unternehmen gleich ist und jede Organisation – ob groß oder klein – ihren eigenen Mikrokosmos aus Kultur, Dynamik, Prozessen und Regeln entwickelt, finden sich doch ganz typische Krisen- und Bruchstellen, die sich bei vielen Unternehmen in ähnlicher Form ausmachen lassen.

**Phase 1 – die Führungskrise:** In dieser Anfangsphase eines Unternehmens stehen die Geschäftsidee und die Kreativität im Mittelpunkt des unternehmerischen Tuns. Man will den Markt erobern und Kunden gewinnen. Wachstum erfolgt durch den hohen Einsatz des Gründerteams, die Kommunikation und Prozesse sind dynamisch, aber informell. Die Entscheidungshoheit liegt nicht selten ausschließlich bei den Gründern. Die erste Krise signalisiert, dass es gilt, Strukturen aufzubauen und eine Führung zu etablieren, um die nächste Stufe des Wachstums nehmen zu können.

**Phase 2 – die Autonomiekrise:** Die zweite Phase des Wachstums ist davon bestimmt, dass sich eine klare Führung herausbildet, Strukturen entstehen, gegebenenfalls Budgets eingeführt und Hierarchien definiert werden. Die Gefahr, die in dieser Phase besteht: Es bilden sich geschlossene Verantwortungsbereiche, die sich voneinander abgrenzen.

**Phase 3 – die Kontrollkrise:** Das steigende Wachstum bringt es mit sich, dass Verantwortliche an ihre Leistungsgrenzen kommen und Aufgaben delegiert werden müssen. Die Herausforderung in dieser Phase besteht darin, die Kontrolle zu bewahren und zu gewährleisten, dass alle Abteilungen und Profitcenter im Sinne des Unternehmens arbeiten und nicht gegeneinander.

**Phase 4 – die Bürokratiekrise:** Wachstum bedeutet in der Regel mehr Planung, und mehr Planung hat mehr Bürokratie zur Folge. Ein Übermaß an Regeln und Strukturen lähmt jedoch das Unternehmen und blockiert weiteres Wachstum.

**Phase 5 – die Öffnungskrise:** Wenn es gelungen ist, die Grenzen eines Zuviels an Bürokratie anzuerkennen und wieder mehr Freiraum zuzulassen für spontane Entscheidungen oder teamübergreifende Aktivitäten, kann das Unternehmen in die nächste Wachstumsphase treten und sich flexibel am Markt ausrichten. Die Gefahr für die nächste Krise lauert in der Überforderung des Systems, durch eine zu radikale Loslösung von bewährten Strukturen.

Das Greiner-Modell zeigt also, dass jede Wachstumsphase typischerweise von einer Krise begleitet wird, die das Unternehmen bewältigen muss, um weiter zu wachsen. Indem Unternehmen diese Krisen antizipieren und verstehen, können sie frühzeitig Maßnahmen ergreifen, um potenzielle Probleme zu vermeiden oder zu mildern. Zudem betont das Modell die Relevanz organisatorischer Innovationen. Unternehmen müssen in der Lage sein, neue Strukturen, Prozesse und Führungsmethoden zu entwickeln, um den sich verändernden Anforderungen gerecht zu werden. Nur eine kontinuierliche Verbesserung und Anpassung macht es Unternehmen möglich, langfristig erfolgreich zu sein.

## Psychologische Sicherheit in Unternehmen

Die renommierte US-amerikanische Organisationspsychologin Amy Edmondson hat sich intensiv mit dem Konzept der psychologischen Sicherheit in Organisationen befasst.[13] Sie beschreibt psychologische Sicherheit als einen Zustand, in dem die Mitglieder eines Teams sich so sicher fühlen, dass sie Risiken eingehen, Ideen äußern und Fragen stellen können, ohne Angst vor negativen Konsequenzen für ihr Selbstbild, ihren Status oder ihre Karriere zu haben. Für die Entwicklung und den Wandel von Unternehmen ist eine Unternehmenskultur, in der psychologische Sicherheit herrscht und Innovation gedeihen kann, ein zentraler Baustein. Wenn sich die Menschen sicher, aufgehoben und geschätzt fühlen, können und werden sie ihre Ideen und ihr Wissen zum Wohle des Unternehmens einbringen. Auf folgende Schlüsselmerkmale sollten Unternehmen Wert legen, um eine Kultur der Sicherheit bei ihren Beschäftigten zu etablieren:

- **Vertrauen und Offenheit:** In einem Umfeld psychologischer Sicherheit fühlen sich Mitarbeiter befähigt, sich gegenseitig zu vertrauen und offen über ihre Ideen, Bedenken und Fragen zu sprechen, ohne Angst vor Zurückweisung oder Kritik.
- **Fehlerfreundlichkeit:** Psychologisch sichere Organisationen akzeptieren Fehler als Teil des Lernprozesses und ermutigen ihre Mitarbeitenden, aus Fehlern zu lernen, anstatt sie dafür zu bestrafen. So fühlen sich Mitarbeitende frei, auch mal Risiken einzugehen und innovative Ansätze auszuprobieren, ohne die Furcht vor negativen Konsequenzen.
- **Respekt und Wertschätzung:** Psychologische Sicherheit bedeutet, dass im Unternehmen ein Klima der Anerkennung und Wertschätzung für vielfältige Perspektiven und Beiträge herrscht. Jede Mitarbeiterin und jeder Mitarbeiter fühlt sich respektiert und wertgeschätzt, unabhängig von Position und Fachwissen.
- **Kollaboration und Unterstützung:** Die Mitarbeitenden arbeiten zusammen und unterstützen sich gegenseitig bei der Erreichung gemeinsamer Ziele. Es gibt Raum für konstruktive Diskussionen und Feedback, ohne dass dabei persönliche Angriffe oder Abwertungen stattfinden.

– **Offene Kommunikation:** Psychologisch sichere Organisationen fördern eine offene und transparente Kommunikation auf allen Ebenen. Mitarbeitende fühlen sich ermutigt, ihre Gedanken und Ideen zu teilen, ohne Angst vor negativen Reaktionen seitens ihrer Kolleginnen und Kollegen oder Vorgesetzten.

In einem Unternehmen, das die genannten Attribute anstrebt, entsteht ein Umfeld, in dem Mitarbeitende sich frei fühlen, sich zu äußern, Risiken einzugehen und zusammenzuarbeiten, ohne Angst vor negativen Konsequenzen. Unternehmen, die psychologische Sicherheit fördern, können von einer verbesserten Teamwork, höherer Innovationsfähigkeit und einer positiven Unternehmenskultur profitieren.

## Das Konzept der inklusiven Führung

In gewisser Weise kann psychologische Sicherheit als Voraussetzung für das Konzept der inklusiven Führung betrachtet werden. Inklusive Führung ist Führung ohne Ab- und Ausgrenzung von Menschen und Ideen. Was sich so banal anhört, ist in der Praxis oftmals schwierig umzusetzen, denn inklusive Führung hat das Ziel der vollumfänglichen Anerkennung von Diversität bezüglich Meinungen, Haltungen, Charakteren und demografischen Hintergründen von Menschen. Eine inklusive Führungskraft fördert eine offene und transparente Kommunikation innerhalb des Teams. Sie ermutigt alle Teammitglieder, ihre Gedanken und Ideen zu teilen, und schafft eine Umgebung, in der unterschiedliche Meinungen respektiert werden. Sie zeigt Empathie und Verständnis für die individuellen Bedürfnisse, Perspektiven und Erfahrungen ihrer Teammitglieder. Sie nimmt sich Zeit, um zuzuhören und die Anliegen ihrer Mitarbeitenden ernst zu nehmen. Gleichzeitig schafft sie Möglichkeiten für Wachstum und Weiterentwicklung. Insgesamt zeichnet sich inklusive Führung durch eine offene, empathische und integrative Herangehensweise aus, die darauf abzielt, ein Umfeld zu schaffen, in dem alle Teammitglieder gehört, geschätzt und unterstützt werden. Inklusive Führung erfordert von allen Beteiligten, dass sie sich mit ihrer ganzen Persönlichkeit zeigen: ihre Ziele, Erwartungen, ihre Sehnsüchte und

Träume. Eine derartige Offenheit macht – auch in einem sicheren Umfeld – verletzbar. Dieser Aspekt spielt in der inklusiven Führung eine besondere Rolle.

Was sich zunächst rundum positiv und erstrebenswert anhört, trifft manchmal auch auf Angst und Kritik.

### Beispiel

In einem mittelständischen Familienunternehmen wurden sogenannte Stärkengespräche eingeführt. Auslöser dafür war, dass Silke, die Inhaberin des Unternehmens, an einem Führungsseminar teilgenommen und das Prinzip der »Führung nach Stärken« kennen gelernt hatte. Diese Stärkengespräche waren sehr interessant, einige Mitarbeitende liebten sie, andere überhaupt nicht. Eine nicht geringe Anzahl der Beschäftigten war sich ihrer Stärken gar nicht bewusst.

Silke hatte gelernt, dass es in diesen Gesprächen wichtig war, so persönlich wie möglich zu sprechen und die Ebene, auf der es um Karriere und Geld ging, erstmal zu verlassen, um mehr in die Tiefe zu kommen. Mit einigen der Angestellten gelang das sehr gut, bei anderen fruchteten die Gespräche gar nicht. Sobald es persönlich wurde, wandten sich einige ab, wollten sich nicht zeigen und nicht über sich sprechen.

Inklusive Führung erfordert inklusives Verhalten im ganzen Unternehmen und eines jeden Einzelnen. Wenn Inklusion zur Kultur gehört, gibt es eine »soziale Kontrolle«, wenn dagegen verstoßen wird.

### Beispiel

In einem Familienunternehmen musste restrukturiert werden, weil es seit Jahren unprofitabel war. Zehn Führungskräfte, die die Transformation boykottierten und Veränderungen unmöglich machten, mussten entlassen werden. Die Führungskräfte waren um die 60 Jahre alt, verdienten viel Geld und waren seit mindestens 25 Jahren im Unternehmen. Jede und jeder im Unternehmen schaute auf den Umgang mit diesen Personen. Es schien allen klar, dass sie gehen mussten, um die nötigen Veränderungen umsetzen zu können, aber das Wie war entscheidend. Hinzu kam, dass nicht viel Geld für Abfindungen zur Verfügung stand.

Der Prozess der Trennungen dauerte insgesamt 1,5 Jahre. Mit jeder Person wurden mehrere Gespräche geführt. Die Geschäftsführerin versuchte, bei jeder Person herauszufinden, was für sie wichtig ist. Aus dem anfänglichen »Ich will die maximale Abfindung bekommen« fielen in vielen Gesprächen Aussagen wie: »Ich habe meinen Job in den letzten Jahren nicht mehr richtig gemocht. Wenn ich die nächsten Monate XY Euro bekommen, bin ich okay damit.« Oder: »Ich bin froh, in Frührente zu gehen, weil meine Frau auch schon in Rente ist. Wenn ich mein schönes Auto noch zwei Jahre weiterfahren darf, bin ich mit der Lösung einverstanden.«

Dies sind lediglich zwei Beispiele. Trennungen sind immer hart und der Anspruch einer inklusiven Führung ist in solchen Momenten nicht immer leicht umzusetzen. Dennoch zeigen die Beispiele, dass es auch oder gerade in schwierigen Situationen gut ist, wenn Abgrenzungen aufgelöst werden. Dieser Prozess dauert etwas, aber so gehen alle als Gewinner aus dem Prozess.

## Die zunehmende Komplexität in der Führung

Die Herausforderungen haben sich gewandelt. Weg von einfachen und komplizierten Situationen und Problemen, hin zu komplexen Problemen. Dieser Wandel lässt sich auf die wachsende Zahl von Akteuren und ihre zunehmende Vernetzung zurückführen. Verstärkt wird dieser Trend durch die Einflüsse der Globalisierung, Individualisierung und Digitalisierung.

Ein tieferes Verständnis der zunehmenden Komplexität unserer Organisationen und ihrer Umwelt ist daher für eine erfolgreiche Führung unerlässlich geworden. Nur so können Führungskräfte angemessen auf neue Herausforderungen reagieren und Lösungen für komplexe Probleme finden.

Um adäquat handeln zu können, sollten Führungskräfte sich intensiv mit der komplexen Welt auseinanderzusetzen, ihre Besonderheiten verstehen und die folgenden neuen Paradigmen der Komplexität verinnerlichen:

- **Vielfalt als Schlüssel für komplexe Systeme**

  Um komplexe Systeme angemessen zu erfassen, reicht es nicht aus, sie aus einer Perspektive zu betrachten. Ein tiefes Verständnis erfordert heute eine Vielzahl von Blickwinkeln. Komplexe Systeme sind von so vielen unterschiedlichen Faktoren, Abhängigkeiten und Ursachen geprägt, dass ihre Beschreibung aus einer einzigen Perspektive nicht mehr möglich ist. Um dem Ganzen gerecht zu werden, ist es wichtig, verschiedene Perspektiven einzunehmen.

  Mit zunehmender Komplexität steigen die Überlebenschancen von Systemen, wenn sie ihre eigene Vielfalt erhöhen. Vielfalt bedeutet in diesem Kontext die Anzahl der verschiedenen Zustände, die ein System annehmen kann. Ein Defizit an Vielfalt würde ein System außer Kontrolle geraten lassen. Eine Fußballmannschaft zum Beispiel muss in der Lage sein, mindestens genauso viele Spielsysteme zu beherrschen wie die gegnerische Mannschaft, um eine realistische Chance auf einen Sieg zu haben. Gleiches gilt für Armeen, Schachspieler und konkurrierende Unternehmen.[14]

  Es ist jedoch wichtig zu bedenken, dass mit der Vielfalt auch das Konfliktpotenzial steigt. Alles im Leben hat Nebenwirkungen.

- **Lösungen auf Zeit**

  Lösungen in komplexen Systemen sind immer Lösungen auf Zeit. Jeder Fortschritt hat unbeabsichtigte Folgen. Und jeder Transformation hat auch ihre schwierige, dunkle und kalte Seite. Es ist deshalb wichtig, sich daran zu erinnern, dass die Lösungen von gestern zu Problemen von heute geworden sind und dass die Lösungen von heute morgen zu Problemen werden können. Es ist ein Trugschluss zu glauben, dass man durch Transformation dauerhaft Ruhe und Entspannung finden kann. Was heute für das System richtig ist, kann morgen falsch sein. Was gestern angemessen war, kann morgen unangemessen sein. Was einer Person gut tut, kann für eine andere Person schlecht sein.

- **Paradoxien, Ambiguität und Bias**
  Komplexe Systeme sind immer von Widersprüchen, Gegensätzen, Unklarheiten, Mehrdeutigkeiten und Schwankungen geprägt. Jedes soziale System produziert früher oder später Ausschuss oder Abfallstoffe, wird manipuliert, erzeugt Vorurteile, führt zu Diskriminierung und Korruption. Es ist notwendig, diese Probleme zu regulieren, aber es ist nicht möglich, sie vollständig zu beseitigen. Man tut also gut daran, sich darauf einzustellen, in einer komplexen Welt nicht immer moralisch einwandfreie Entscheidungen treffen zu können. »Führung braucht eine Theorie, die Paradoxien nutzt, Konflikte fruchtbar macht, Widersprüche strategisch aufgreift, Führung als soziales Geschehen voller Brüche begreift und sich nicht in Optimierungszielen verliert.«[15]

- **Regulation statt Kontrolle**
  Komplexe Systeme lassen sich nicht vollständig beherrschen oder kontrollieren. Es wäre naiv zu glauben, man könne komplexe Systeme so steuern wie komplizierte Systeme, um ihr Verhalten exakt vorherzusagen und langfristig zu kontrollieren. In komplexen Systemen geht es vielmehr um Regulation – um flexible Anpassungen und Suchbewegungen.

  Regulation bedeutet, zwischen wertvollen Alternativen oder Optionen wählen zu können, und zwar so, dass immer auch die Möglichkeit besteht, die andere Option zu wählen.[16] Es geht darum, attraktive Gegensätze abzuwägen und mal die eine, mal die andere Option zu bevorzugen. Regulierung erfordert Selbstkontrolle und die Fähigkeit, mit Veränderungen umzugehen und auf unterschiedliche Situationen angemessen zu reagieren. Denn das Verhalten komplexer Systeme ist oft nicht vorhersehbar. Regulationsfähigkeit ermöglicht es, flexibel und angemessen auf vielfältige Anforderungen und Herausforderungen zu reagieren, um die positive Funktionalität aufrechtzuerhalten.

Regulationsfähigkeit ist auch für Organisationen und Unternehmen wichtig. Gut regulierte Organisationen haben Mechanismen und Prozesse etabliert, um effektiv auf Veränderungen in ihrem Umfeld reagieren zu können. Dadurch bleiben sie flexibel und können sich erfolgreich an neue Situationen anpassen.

- **Es gibt keine Patentrezepte**
  In der vielschichtigen Welt von heute gibt es keine allgemeingültigen Rezepte oder Empfehlungen. Das Wirtschaftsleben ist zu volatil, zu vielschichtig und zu dynamisch, um es auf eine einfache Formel zu reduzieren. Es gibt keine Blaupausen oder Checklisten, die man stur abarbeiten kann, so sehr man sich das auch wünscht. Diese setzen voraus, dass die Beziehungen zwischen Ursache und Wirkung immer gleichbleiben. Dies ist in einem komplexen System aber kaum möglich. Der Umgang mit Komplexität gleicht eher der Herstellung eines Maßanzuges – er ist immer individuell und jedes Mal neu. Entscheidend ist, dass der Anzug am Ende perfekt sitzt. Deshalb ist Führung von Komplexität immer eine Frage der Praxis. Jedes System ist anders, das Umfeld ist einzigartig und die Menschen bringen ihre individuellen Eigenschaften ein.

- **Wahrscheinlichkeiten statt Determinismus**
  Entwicklungspfade verlaufen nie vorherbestimmt. Komplexe Systeme erweisen sich vielmehr als undurchschaubar. Sie setzen sich aus vielen, zum Teil veränderlichen Komponenten und Beziehungen zusammen, die zudem in Wechselwirkung mit ihrer Umwelt stehen. Sie folgen daher nicht immer den gleichen linearen Kausalitäten. Ständige Rückkopplungen und Feedbackschleifen sind die Regel. Die Veränderungsmöglichkeiten des Systems sind daher vielfältig und flexibel. Das System kann verschiedene Zustände einnehmen, die nicht vorhersehbar sind. Es gibt keinen eindeutigen Zusammenhang zwischen Entwicklungspfaden (Ursachen) und Entwicklungsergebnissen. In komplexen Systemen sind grundsätzlich keine exakten Vorhersagen möglich, sondern nur Prognosen innerhalb gewisser Grenzen. Wir können also Wahrscheinlichkeiten berücksichtigen und uns entsprechend vorbereiten.

- **Die Gleichzeitigkeit des Ungleichzeitigen**
  Der Begriff »Gleichzeitigkeit des Ungleichzeitigen« ist von dem deutschen Philosophen Ernst Bloch geprägt worden. Er meinte damit, dass unterschiedliche soziale Phänomene und Entwicklungen zur gleichen Zeit existieren und sich dennoch unterschiedlich entwickeln. Jede Gruppe hat ihre eigenen Normen, Werte und Verhaltensweisen und entwickelt sich nicht synchron, sondern in ihrem je eigenen Tempo. Übertragen auf die Komplexität können wir den Begriff als »nicht alle sind im selben Jetzt da« verstehen, wie Bloch das schön formulierte.[17] Die »Gleichzeitigkeit des Ungleichzeitigen« ist ein Konzept, das uns daran erinnert, dass nichts statisch oder homogen ist. Vielmehr gibt es eine Vielzahl von Phänomenen und Entwicklungen, die sich im Laufe der Zeit in unterschiedlicher Weise ändern und nebeneinander existieren können.

## 5.4 Die Bedeutung der Selbstreflexion in einer Zeit des Wandels

»Es gibt drei Wege, klug zu handeln:
durch Nachdenken – das ist der edelste;
durch Nachahmen – das ist der leichteste;
durch Erfahrung – das ist der bitterste.«

*(Konfuzius)*

In Zeiten des Umbruchs, in denen das Alte nicht mehr wie gewohnt funktioniert und das Neue noch nicht wie gewünscht, ist die Unsicherheit des Handelns bei allen Akteuren groß. Man muss taktieren, immer wieder agieren und beobachten und evaluieren, was geschieht. Aus diesem Grund ist das Innehalten und Reflektieren der Erfahrungen im Anschluss an die Aktionen so wichtig.

Reflexion kommt vom lateinischen Verb *reflectere* und meint im Grunde »sich in sein Inneres (zurück)wenden«.[18] Es verweist damit auf ein nachdenkliches, kritisches und vergleichendes Infragestellen, was auf persönlicher Ebene richtig oder falsch gemacht wurde. Ohne solch ein von Demut geprägtes Überdenken des eigenen Handelns und dessen Auswirkungen ist keine Veränderung möglich.

Die Aufgabe der Selbstreflexion liegt jedoch nicht nur in der Verantwortung von Führungskräften, sondern muss von jedem Einzelnen kultiviert werden. Da Transformation kein vorhersehbares und planbares Projekt ist und auch nicht linear verläuft, gibt es ständig Konflikte, Unsicherheiten, Verwirrungen, Auf- und Abwärtsspiralen, Widerstände, Korrekturen und weitere Korrekturen. Mit all diesen Dingen kann man intelligent umgehen, indem man die Reflexion des eigenen Denkens, Fühlens und Handelns kultiviert.

In Zeiten des Wandels kann Reflexion einen wertvollen Beitrag dazu leisten, aus vergangenen Ereignissen und gemachten Erfahrungen zu lernen. Durch einen ehrlichen Rückblick auf unsere Denkmuster, Paradigmen, Überzeugungen und Handlungen können wir wichtige Erkenntnisse für Neues gewinnen. Diese Erkenntnisse bilden die Grundlage für zukünftiges Handeln und ermöglichen einen effektiveren Umgang mit Veränderungen.

Wir empfehlen, im Sinne des Transformationsprozesses einer Organisation oder eines Unternehmens ganz besonders folgende Themen immer wieder reflektierend zu betrachten:

- **Narrative**

  In jeder Organisation werden Geschichten erzählt. Narrative erfüllen wichtige Funktionen. Sie helfen bei der Identifikation, geben Orientierung und schaffen Vertrauen. Gleichzeitig bergen sie aber auch die Gefahr, einseitige Meinungen und Argumente zu fördern. Sie prägen Gewohnheiten, informelle Regeln und letztlich unsere Realitäten.

  Es ist empfehlenswert, in Zeiten des Wandels kritisch über diese Erzählungen nachzudenken.

- **Innere Bilder**

  Um Transformationsprozesse erfolgreich zu gestalten, müssen wir die Faktoren kennen, die unser Verhalten und unsere Organisation beeinflussen. Dazu gehören unter anderem unsere inneren Bilder, also unsere mentalen Modelle – die Bilder und Vorstellungen von uns und der Welt. Dabei spielen Bedürfnisse, Überzeugungen, Erwartungen, Werte und Interessen ebenso eine Rolle wie unbewusste kulturelle Prägungen.

In Zeiten des Wandels sollten wir unsere inneren Bilder reflektieren und gegebenenfalls überarbeiten. Transformation erfordert das Entstehen von Neuem und damit neue oder aktualisierte Bilder. Dieser Prozess kann zum Beispiel durch das Sammeln neuer Erfahrungen geschehen. Ein Beispiel ist das Bild vom Erfolg. Was bedeutet Erfolg für uns? Ist unser Verständnis klar und zweckmäßig? Wird Erfolg ausschließlich mit Umsatz gleichgesetzt? Oder muss der Erfolgsbegriff neu definiert werden? Wenn ja, wie können wir an diesem Bild arbeiten, damit es der Transformation dienlich ist?

– **Gewohnheit**

Routinen spielen als organisatorisches Gestaltungselement ebenfalls eine wichtige Rolle. Sie erfüllen verschiedene Funktionen: Sie schaffen nicht nur Struktur und Stabilität, sondern steigern auch unsere Effizienz, indem sie uns helfen, unseren Fokus auf eine Aufgabe zu richten und Ablenkungen zu minimieren. Außerdem entlasten sie Führungskräfte, indem sie den Bedarf an hierarchischen Anweisungen reduzieren. Wenn die täglichen Abläufe durch Routinen organisiert sind, ermöglichen sie es Führungskräften, sich intensiver ihren eigentlichen Führungsaufgaben zu widmen.[19]

Dennoch können Routinen auch dysfunktional sein, insbesondere wenn sie nicht mehr zeitgemäß sind. Oft sind wir uns dieser Routinen gar nicht bewusst. Sie sind das Ergebnis historisch gewachsener betrieblicher Abläufe. Wir setzen uns in der Regel nicht mit ihnen auseinander. Selbst im alltäglichen Umgang miteinander haben Menschen Routinen und Gewohnheiten entwickelt, die so vertraut und eingespielt sind, dass eine bewusste Reflexion nicht mehr erfolgt.

In Zeiten des Wandels wird jedoch eine reflektierende und kritische Sicht auf diese Routinen notwendig. Wir müssen lernen, die Welt aus unterschiedlichen Blickwinkeln anzuschauen, und müssen immer wieder nachfragen, ob es auch anders geht. Diese Denkweise eröffnet die Möglichkeit, die Welt mit neuen Augen zu sehen.

Sie ermöglicht es uns, die Gewohnheiten, Routinen und Rituale unseres Arbeitsalltags auf den Prüfstand zu stellen und kritisch zu hinterfragen.

## 5.5 Praktische Empfehlungen und Tipps

### Wandel von alter zu neuer Autorität

In Zeiten der Unsicherheit und des Wandels ist es entscheidend, dass Führungskräfte eine neue Form der Autorität verkörpern: eine, die auf Beziehung und Kooperation statt auf Hierarchie und Kontrolle setzt. Diese Form der Führungsautorität zeichnet sich durch eine offene Kommunikation, Präsenz und Überzeugungskraft aus. Statt auf Methoden zu setzen, die Unsicherheit und Angst verstärken – wie lautes Anschreien, Eskalation und Bestrafung –, sollten Führungskräfte eine Atmosphäre schaffen, die Vertrauen und Handlungsfähigkeit fördert.

### Im Rampenlicht stehen und Wandel vorleben

Führungskräfte stehen stets im Fokus der Mitarbeiteraufmerksamkeit. Ihr Handeln und ihre Entscheidungen werden kontinuierlich beobachtet und diskutiert. In den turbulenten Phasen einer Transformation werden Führungskräfte noch intensiver beobachtet und noch kritischer hinterfragt. Jeder Schritt wird genau analysiert und kommentiert. Daher ist es wichtig, als Führungskraft ein klares und authentisches Bild zu vermitteln. Nutzen Sie diese Aufmerksamkeit, um als Vorbild zu fungieren. Seien Sie die Veränderung, die Sie sich für die Organisation wünschen.

Durch authentisches Verhalten und eine klare Kommunikation kann Vertrauen aufgebaut und die Belegschaft erfolgreich durch den Wandel geführt werden. Es ist von Bedeutung, auch in schwierigen Situationen konstruktive Lösungswege aufzuzeigen. Zeigen Sie Einfühlungsvermögen, und nehmen Sie die Anliegen Ihrer Teammitglieder ernst.

## Das Bild des Gartens als Metapher für Ihre Organisation

Ein Garten ist ein Beispiel für die Schaffung von natürlicher Umgebung. Als gestaltete Natur dient der Garten als Ort des Wachstums und der Produktion, der gemeinschaftlichen Kreativität und der Arbeit – vor allem jedoch als Ort, an dem Ökonomie und Ökologie im Einklang stehen. Der Gärtner betrachtet nicht die einzelne Pflanze, sondern denkt ganzheitlich im Kontext des gesamten Gartens. Seine Aufgabe ist es, Rahmenbedingungen zu schaffen, die jeder Pflanze optimale Wachstums- und Entfaltungsmöglichkeiten bieten. Als Gärtner strebt man danach, etwas Neues entstehen zu lassen, das nicht nur gut und richtig, sondern auch stimmig und nachhaltig ist. Man schafft Räume, in denen sich Funktionalität und Ästhetik verbinden. Manchmal ist es notwendig, Pflanzen umzupflanzen, um ihr Wachstum zu fördern.

## Die Kraft der Geschichten nutzen

Die Entwicklung des Menschen ist eng mit Geschichten verbunden. Es ist wichtig zu erkennen, welche Geschichten wir uns selbst erzählen. Geschichten sind nicht nur unterhaltsam, sie prägen uns von frühester Kindheit an. Sie vermitteln uns Werte und Normen, zeigen uns, wie wir mit Konflikten umgehen sollen, und definieren, was als Tugend oder was als Laster gilt. Geschichten durchdringen unser gesamtes Handeln und helfen uns, uns mit uns selbst zu identifizieren. Darüber hinaus spielen Geschichten eine wichtige Rolle bei der Entwicklung von Zukunftszielen. Geschichten sind eine Brücke in die Zukunft. Jede Zukunft beginnt mit einer Geschichte. Sie sind ein wirksames Mittel, um Emotionen und Rationalität zu verbinden. Geschichten haben die Macht, uns zu bewegen. Deshalb ist es ratsam, die Kraft von Geschichten zu nutzen, um Veränderungen zu gestalten. Wir sollten uns fragen: Welche Geschichte wollen wir erzählen? Wohin soll diese Geschichte führen? Durch die Veränderung von Narrativen können wir den Weg für den gewünschten Wandel ebnen.

## Ein starkes Führungsteam

Für den Erfolg von Transformationen ist das Zusammenwirken von Führungsteams, die gut miteinander auskommen und den geplanten Veränderungsprozess gemeinsam vorantreiben, von entscheidender Bedeutung. Gerade in Zeiten des Wandels müssen wir gemeinsam an der Entwicklung des Unternehmens arbeiten. Daher ist eine Kultur der Zusammenarbeit und des gegenseitigen Supports unerlässlich.

Allerdings entspricht die Realität oft nicht diesem Ideal. Wenn Führungsteams sich nicht gegenseitig vertrauen können, wenn sie sich nicht auf die Zusicherungen ihrer Kollegen verlassen können und wenn sie nicht bereit sind, im Interesse des Unternehmens auch mal zurückzustecken, wird es schwierig, gemeinsam zu arbeiten. Daher ist es wichtig, genau zu bedenken, welche Auswirkungen es hat, wenn Führungskräfte durch ihr Verhalten im Veränderungsprozess zeigen, dass sie kein Team bilden können. Christina Grubendorfer bringt es treffend auf den Punkt: »Führung erfordert das harmonische Zusammenspiel von Führungskräften, die sich gemeinsam darum bemühen, die Zukunftsfähigkeit des gesamten Unternehmens regelmäßig zu reflektieren.«[20]

## Aktives Destabilisieren bestehender Muster

In Zeiten des Wandels liegt es auch in der Verantwortung der Führung, durch bewusstes Destabilisieren bestehender Muster für die notwendige Irritation zu sorgen. Es ist wichtig, dysfunktionale Themen regelmäßig anzusprechen, um die Unterschiede zwischen Soll- und Ist-Zustand zu erkennen und zu bearbeiten. Ohne den Bruch mit bestehenden Mustern ist eine Transformation nicht möglich. Dabei ist es hilfreich, einen oder mehrere »Hofnarren« im Team zu haben (vgl. Kapitel 3.2), die Impulse von außen einbringen können. Schaffen Sie Raum für Tabubrüche und Kritik durch die Mitarbeiterinnen und Mitarbeiter. Auch konstruktive Konflikte können förderlich sein und sollten nicht gescheut werden.

## Authentische und souveräne Führung

Wer sich selbst und sein Umfeld gut kennt und seine Aufgabe richtig einschätzt, kann überzeugend führen. Souveräne Führungskräfte handeln im Einklang mit ihren Werten und Überzeugungen und zeigen durch ihr authentisches Auftreten, dass sie den Wandel mittragen. Dabei geht es nicht darum, bestimmte Rollen in einem fremdbestimmten »Veränderungstheater« zu spielen. Vielmehr geht es darum, zu bestimmten Zeitpunkten und in bestimmten Situationen aktiv und authentisch als Schlüsselakteur im Hier und Jetzt zu agieren.

## Stärkung des Bewusstseins für die Notwendigkeit von Veränderungen

Finden Sie Mitstreiter, sogenannte »Positivisten«, die dafür sorgen, dass Themen ins Gespräch gebracht werden, und die das Bewusstsein für die Notwendigkeit von Veränderungen schärfen. Organisieren Sie Networking-Veranstaltungen, um den Austausch zu fördern. Ermuntern Sie die Mitstreiter und Führungskräfte dazu, sich aktiv an Diskussionen zu beteiligen und Ideen für die Umsetzung von Veränderungen vorzuschlagen. Durch gezieltes Networking können neue Kontakte geknüpft werden, die den Austausch über das Thema vertiefen und möglicherweise zu neuen Kooperationen führen. Es ist wichtig, das Bewusstsein für die Relevanz des Wandels weiter zu stärken und konkrete Maßnahmen zur Umsetzung von Veränderungen zu entwickeln.

## Strategie des Minimal Viable Products

Setzen Sie Ideen um, anstatt nach perfekten Lösungen zu suchen. Verfolgen Sie die Strategie des Minimal Viable Products[21], indem Sie das Fachwissen im Unternehmen bündeln und frühzeitig die richtigen Mitarbeitenden in den Prozess einbinden. Dadurch können Sie erste Ideen schnell umsetzen. Ihre Rolle besteht darin, die Intelligenz des Systems zu moderieren und Raum für kreatives Denken und Handeln zu schaffen. Wenn die Lösungen vielversprechend sind, sollten die Erfolge transparent gefeiert und die Initiativen aktiv verbreitet werden.

### Gefühlen Raum geben

Geben Sie sich die Möglichkeit, auch wenn es Ihnen nicht leichtfällt, die freigesetzten Emotionen zu erforschen. Schaffen Sie geeignete Räume für die Verarbeitung von Gefühlen. Indem Sie geeignete Räume für den Umgang mit Emotionen bereitstellen, ermöglichen Sie es den Menschen, sich mit ihren Gefühlen auseinanderzusetzen und sie zu verstehen. Dies kann zu einer Verbesserung der psychischen Gesundheit und des Wohlbefindens führen. Es ist wichtig, dass wir uns die Zeit nehmen, unseren eigenen emotionalen Bedürfnissen nachzugehen und diese anderen mitzuteilen. Oft sind wir so sehr im Alltag gefangen, dass wir unsere Gefühle einfach ignorieren oder unterdrücken. Dies kann jedoch langfristig zu psychischen Belastungen führen. Indem wir geeignete Räume für die Verarbeitung von Emotionen schaffen, lernen wir, unsere Gefühle auf gesunde Weise auszudrücken und zu verarbeiten.

### Kultur

Unternehmenskultur lässt sich aus unserer Sicht nicht direkt, aktiv und gezielt verändern. Sie ist kein kurzfristig umsetzbares Projekt, kein Experiment. Kultur kann nicht direkt gestaltet werden, da sie eine emergente Eigenschaft des Systems ist – eher ein Ergebnis als eine Intervention. Kultur entsteht immer im Hintergrund eines Geschehens. Sie kann nur indirekt beeinflusst werden, zum Beispiel indem man[22]:

- **Kulturreflexion ritualisiert.** Hierbei geht es darum, mit den Mitarbeitenden einen Konsens darüber zu schaffen, wo man heute mit der Kultur steht, welche Dysfunktionalitäten und Hindernisse es gibt und welche Zustände man erreichen möchte.

- **formale Strukturen verändert.** Angesichts vieler informeller Regeln in der Kultur des Unternehmens ist es ratsam, darüber nachzudenken, welche formellen Regeln verändert werden können, um die Entwicklung zu fördern. Dazu müssen die Verantwortlichen Entscheidungen im Unternehmen treffen und dann beobachten, ob sich diese konstruktiv auf die gelebte Kultur auswirken. Ein Beispiel hierfür ist die Umstellung der Führungskräftebeurteilung von einer rein hierarchischen Bewertung auf eine 360-Grad-Beurteilung. Die Kultur folgt dann der Formalstruktur.
- **neue Erfahrungsräume schafft.** Ziel von Transformation sollte es sein, das Verhalten der Beteiligten durch das Erleben neuer Erfahrungsräume zu ändern. Wenn Menschen negative Erfahrungen gemacht und dadurch eine ungünstige Haltung entwickelt haben, dann sollten wir ihnen ermöglichen, positivere Erfahrungen zu sammeln. Wir können sie dazu einladen und ermutigen und sie inspirieren.
- **Systemlogiken hinterfragt.** Neben den Verhaltensweisen und Haltungen müssen sich im Rahmen einer Kulturentwicklung auch die Prozesse, die Strukturen und die Rollen neu ausrichten. Bisherige Systemlogiken müssen infrage gestellt werden. Was wird im Unternehmen wie geregelt? Was wird belohnt? Was wird bestraft? Die Beantwortung dieser Fragen gehört zu einer ganzheitlichen Kulturreflexion absolut dazu.

# *Kapitel 6*
# Gemeinsam gestalten – Spielregeln für ein funktionierendes Miteinander

Zu Beginn dieses letzten Kapitels möchten wir auf eine Metapher zurückgreifen, um zu erklären, warum die Transformation von Gesellschaften heute mehr noch als in früheren Zeiten nur durch einen Akt gemeinsamen Gestaltens gelingen kann. Diese Metapher stammt ursprünglich von dem deutschen Soziologen und Politikwissenschaftler Aladin El-Mafaalani und dient ihm dazu zu beschreiben, warum offene Gesellschaften wie die unsere einerseits Fortschritt und Entwicklung fördern, andererseits aber auch mehr Konflikte, Spannungen und Spaltungen hervorrufen können. Denn Partizipation und Nähe zwischen verschiedenen Gruppen und Individuen führen nicht zwangsläufig zu einer Verbesserung. Mehr Partizipation führt auch zu mehr Streit, Konflikten und Reibungen. Entscheidend sei, so El-Mafaalani, wie mit diesen Konflikten umgegangen wird.[1]

Übertragen auf den Kontext von Unternehmenstransformationen können wir uns Organisationen gemäß El-Mafaalanis Metapher als einen großen Raum vorstellen. Menschen betreten den Raum (Einstellungen) oder verlassen ihn (Kündigungen/Austritt). In der Mitte des Raumes steht ein Tisch mit einem großen Kuchen. Vor vielen Jahrzehnten, als die Märkte noch nicht gesättigt waren, saßen lediglich einige wenige Männer am Tisch, die alles im Überblick und fest im Griff hatten. Alle anderen Mitglieder der Organisation saßen auf dem Boden. Sie waren froh darüber, einen Job zu haben, mit dem sie Geld für die Versorgung ihrer Familien verdienten.

In den Nachfragemärkten von damals wurden wenige Produkte auf überschaubaren Märkten verkauft. Die Kunden waren begierig nach Produkten, und die Unternehmen konnten diese ohne Eile und auf vielfältige Weise anbieten. Die Führung dieser Unternehmen glich einer gut geölten Maschine, sie war zielstrebig und fußte auf einer hohen Planbarkeit, während die Märkte sich durch eine bemerkenswerte Stabilität ohne unerwartete Wendungen auszeichneten. Die Arbeitsbedingungen der Arbeitenden am unteren Ende der Hierarchie waren zu Beginn des Industriezeitalters jedoch alles andere als ideal. Lange Arbeitszeiten, geringe Löhne und eine fehlende soziale Absicherung prägten ihren Alltag. Im Laufe der Zeit gelang es der Arbeiterschaft zwar, ihre Situation durch die Gewerkschaftsbewegung zu verbessern. Doch trotz dieser Fortschritte blieben ihre Mitbestimmungsmöglichkeiten begrenzt. Der Kuchen am Tisch wurde so verteilt, wie der Chef es wollte. Es gab keinen Widerspruch und kaum Gegenmeinungen.

Als die Märkte zunehmend gesättigter, die Produkte komplexer wurden und die Umwelt sich immer schneller veränderte, wurde es immer schwieriger, die Gesamtheit der unternehmerischen Prozesse von wenigen Männern zu kontrollieren. Die Unternehmen wurden größer und die Geschäftswelt globaler. Das Internet eröffnete noch einmal ganz neue Möglichkeiten. Allein in den letzten vier Jahrzehnten hat sich eine enorme Dynamik und Komplexität entwickelt und immer mehr Menschen nahmen am Tisch Platz. Ohne diese Vielfalt wären Unternehmen auch gar nicht mehr effektiv zu verwalten.

Obwohl das System dadurch grundsätzlich verbessert wurde, haben ausgerechnet die Menschen, die nun am Tisch sitzen, zuerst ihre eigenen Interessen im Blick. Ihre Motivation ist eher egoistisch als an dem Gesamtsystem interessiert. Zudem möchten sie sich in die Tischregeln und das Kuchenrezept einmischen – sie möchten mitbestimmen und mitentscheiden. Damit geht es häufig zuerst um die Verteilung von Positionen, Budgets und Ressourcen und nicht darum, im Sinne des Systems zu handeln.

Mit der Zeit werden Tisch und Kuchen immer größer, und es gibt wesentlich mehr gute Plätze. Doch irgendwann beginnen diejenigen, die neu am Tisch sitzen, Fragen zu stellen: Ist dieser Kuchen überhaupt der richtige? Sind die Tischregeln noch zeitgemäß? Muss man das Rezept des Kuchens, die Tischordnung und die Esskultur nicht grundlegend verändern?[2] Andere wiederum fordern, alles beim Alten zu belassen. Und jene, die metaphorisch noch auf dem Boden sitzen, fordern flachere Hierarchien – symbolisch ausgedrückt, fordern sie, dass sich alle auf den Boden setzen sollen. Sie streben nach basisdemokratischen Entscheidungen. Damit entsteht eine neue Konfliktlinie, die Themen wie Kultur und Identität, Zugehörigkeit und das Spannungsfeld zwischen Offenheit und Geschlossenheit berührt, ohne die bestehenden Verteilungskonflikte zu lösen. Diese Entwicklungen machen die Situation unübersichtlich und herausfordernd.

Was damit sichtbar wird, ist letztlich, dass mehr Partizipation auch mehr Konfliktpotenzial birgt. Je vielfältiger und differenzierter die Zusammensetzung am Entscheidungstisch ist, desto größer ist die Wahrscheinlichkeit von Konflikten. Vielfalt schafft Raum für unterschiedliche Meinungen, Widersprüche, Zielkonflikte und Interessen. So entsteht ein komplexes Geflecht, in dem viele Beteiligte zunehmend egoistisch denken, was zulasten der Zukunftsorientierung des Unternehmens gehen kann. Die Auseinandersetzungen nehmen zu, die Stimmung verschlechtert sich spürbar.

Die entscheidende Frage ist: Wie können wir in dieser komplexen Gemengelage und unter diesen dynamischen Umständen das System neu und anders aufbauen?

## 6.1 Komplexe Herausforderungen erfordern Vielfalt

Die Erwartungen an unsere Entscheidungsträgerinnen und -träger sind hoch. Unsere Welt ist zu einer Welt der Superlative geworden, in der immer mehr möglich erscheint und alles machbar sein soll. Inmitten dieser Entgrenzung gibt es unzählige Möglichkeiten. Was bedeutet das für uns? Wie kommen wir zu passenden Lösungen für komplexe Probleme?

Bisher lag der Fokus der Entscheidungsträgerinnen und -träger auf Stabilität, Effizienz und Verlässlichkeit, vor allem, um erfolgreich zu sein. In Zukunft jedoch wird die Fähigkeit, mit der Beschleunigung der Realität und der Komplexität in Unternehmen umzugehen, ein entscheidender Faktor für die Zukunftsfähigkeit sein. Es wird drauf ankommen, die Umwelt besser wahrzunehmen, die Situation zu verstehen und Signale frühzeitig zu erkennen. Dieser Umgang mit komplexen Herausforderungen ist keine Aufgabe einiger Weniger, sondern erfordert Vielfalt – eine Vielzahl von Perspektiven, Meinungen, Modellen, Ideen und Experimenten.

Transformation braucht die Beteiligung und aktive Gestaltung vieler Akteure. Um eine Transformation zu gestalten, müssen wir unterschiedliche Perspektiven vernetzen und das vielfältige Wissen aus unterschiedlichen Disziplinen und Erfahrungen nutzen. Indem wir die kollektive Intelligenz des Systems einsetzen und in einem echten Dialog weiterdenken, kann etwas Neues entstehen. Der Managementforscher und Professor für Internationales Management Hans Wüthrich betont zu Recht, dass Vielfalt ohne Dialog und Dialog ohne Vielfalt keinen Mehrwert schaffen kann.[3] In Zeiten der Komplexität müssen wir gemeinsam versuchen, unsere bisherigen Gewohnheiten und Paradigmen zu überwinden, denn die Lösungen liegen oft außerhalb der Norm und erfordern ein tieferes Verständnis der Zusammenhänge und Vernetzungen. Wenn die Beteiligten jedoch bereit sind, sich auf produktive Konflikte einzulassen und aus unterschiedlichen Perspektiven zu lernen, kann die Qualität der Lösungen verbessert werden. Es ist wichtig, den Wert der Vielfalt zu erkennen und durch dialogisches Denken etwas Neues entstehen zu lassen.

Die Akzeptanz von Vielfalt ist mühsam, und freilich ist Vielfalt kein Garant für eine bessere Lösung von Problemen. Je mehr Menschen beteiligt sind, desto dynamischer wird der Veränderungsprozess. Gleichzeitig entstehen neue Herausforderungen in Bezug auf Positionen, Macht, Ressourcen, Kultur, Identität und Zugehörigkeit. Unterschiedliche Perspektiven prallen aufeinander. Vielfalt und Verschiedenheit führen somit nicht zwangsläufig zu mehr Konsens, sondern häufig zu mehr Dissens und Konflikten.

Um dennoch vom Mehrwert der Perspektivenvielfalt zu profitieren und den Weg des Wandels erfolgreich beschreiten zu können, müssen wir die Spielregeln des Miteinanders neu definieren.

## 6.2 Gemeinsames Gestalten braucht Spielregeln

Überall dort, wo Menschen zusammenkommen, um gemeinsame Ziele zu verfolgen und etwas zu gestalten, sind Spielregeln unerlässlich. Diese Regeln, sowohl implizite als auch explizite, lenken und beeinflussen das

Verhalten der Beteiligten innerhalb des Systems. Explizite Regeln sind allgemein bekannt und können offen besprochen und diskutiert werden. Sie sollten zu Beginn jedes Veränderungsprojektes gemeinsam auf ihre Tauglichkeit überprüft werden.

Doch nicht alles ist formalisierbar. Implizite Regeln, die oft erst bei Verstößen bemerkt werden, spielen ebenfalls eine wichtige Rolle. Sie müssen von den Mitgliedern vorgelebt und gegebenenfalls bei Verstößen angezeigt und sanktioniert werden. Solche Spielregeln sind unerlässlich, um sicherzustellen, dass sich Menschen in bestimmten Kontexten angemessen verhalten. Sie definieren, welche Handlungen als akzeptabel oder inakzeptabel gelten.

Es liegt in der Verantwortung der Führungskräfte, Kommunikationsformen zu fördern, die das Entstehen intelligenter Spielregeln unterstützen und eine effektive gemeinsame Gestaltung ermöglichen. Nur durch eine konsequente Einhaltung und Weiterentwicklung der Spielregeln können langfristig erfolgreiche Veränderungsprozesse gestaltet werden.

## Zielführende Fragen

Wenn sich eine Gruppe zusammenfindet, um den Wandel zu gestalten, sei es im Rahmen eines Veränderungsprojekts oder einer grundlegenden Umgestaltung, ist es sinnvoll, gemeinsam ein Manifest mit klaren Spielregeln aufzustellen, um die Gruppe auf den Weg zu bringen. Alternativ kann das Unternehmen bereits im Vorfeld eine klare Vorstellung von diesen Regeln entwickeln. Auch wenn nicht alles formalisiert werden kann, so kann doch ein Großteil des gewünschten Verhaltenskodex definiert werden. Mit ihm beschreiben wir, wie wir uns die Zusammenarbeit vorstellen, wenn wir optimieren oder Neues schaffen wollen. Diese Regeln sollten im Einklang mit den Werten und der Kultur des Unternehmens stehen.

Es ist immer hilfreich, wenn Führungskräfte gewünschte Verhaltensweisen vorleben, aktiv fördern und deren Einhaltung einfordern. Auch gezielte Sanktionen können zur Durchsetzung der Spielregeln beitragen.

Darüber hinaus empfiehlt es sich, die Inhalte des Kooperationsmanifests regelmäßig in Gesprächen und Besprechungen zu thematisieren und zu diskutieren. Dies fördert das Bewusstsein und die Verbindlichkeit der festgelegten Richtlinien.

Insbesondere folgende Schwerpunkte möchten wir im Folgenden näher betrachten und weiterentwickeln. Für jeden Schwerpunkt gilt es zentrale Fragen zu beantworten:

*Kommunikation*

- Wie führen wir miteinander Gespräche? Wie sprechen wir miteinander?
- Wie kommunizieren wir effizient und klar in unseren Workshops, Meetings und Besprechungen, um zielorientiert und zielgerichtet voranzukommen?
- Wie kann Kommunikation so gestaltet werden, dass sie die Handlungsfähigkeit erhöht?
- Wie können wir sicherstellen, dass jede und jeder im Team ihre und seine Meinung äußern kann?
- Wie passen wir unsere Kommunikationsstrategien an unterschiedliche Gruppen und Situationen an?
- Wie kann Feedback so gegeben und empfangen werden, dass es zu echten Verbesserungen führt?
- Wie können wir eine Atmosphäre schaffen, die offene und ehrliche Kommunikation fördert?

*Entscheidungsfindung*

- Wie gelangen wir zu Entscheidungen? Wie strukturieren wir Entscheidungsprozesse?
- Wie kommen wir zu Entscheidungen, die von allen getragen werden?
- Wie effektiv sind unsere Entscheidungsgremien?
- Welchen Kommunikationsstil benötigen wir für verschiedene Entscheidungssituationen?
- Wie können wir unsere Entscheidungsprozesse so gestalten, dass Vertreter einzelner Interessen zu Vertretern der gemeinsamen Systementwicklung werden?
- Wer ist bei einer Eskalation oder bei einem Konflikt der finale Entscheider?

*Konflikte*

- Wie regulieren wir Konflikte?
- Wie wollen wir in Konfliktsituationen miteinander umgehen?
- Welche präventiven Maßnahmen können wir ergreifen, um Konflikte frühzeitig zu erkennen und zu regulieren?
- Wie können wir eine Kultur schaffen, in der Konflikte als Chancen für Wachstum und Verbesserung gesehen werden?
- Welche Rolle spielt Empathie in der Konfliktlösung, und wie können wir sie fördern?
- Wie schulen wir unsere Mitgestalterinnen und Mitgestalter im Umgang mit Konflikten?
- Wie stellen wir sicher, dass alle Stimmen in einem Konflikt gehört und berücksichtigt werden?
- Welche Werkzeuge und Methoden sind am effektivsten, um Konflikte in unserem spezifischen Arbeitsumfeld zu regulieren?
- Wie gehen wir mit anhaltenden oder wiederkehrenden Konflikten um, die schwer zu lösen scheinen? Wie gehen wir effektiv mit Konflikten um, damit sie nicht zu Entwicklungshemmnissen werden?
- Wie können wir aus abgeschlossenen Konflikten lernen und unsere Ansätze für die Zukunft verbessern?

*Priorisierung*

- Wie setzen wir thematische Schwerpunkte? Wie priorisieren wir so, dass Handeln möglich wird?
- Wie erreichen wir Verbindlichkeit bei der Priorisierung von Themen?
- Nach welchen Kriterien bewerten wir die Dringlichkeit und Wichtigkeit der Themen?
- Wie stellen wir sicher, dass unsere Priorisierung mit unseren Zielen und unserer transformativen Ausrichtung übereinstimmt?
- Wie gehen wir mit konkurrierenden Prioritäten um und entscheiden, welche Aufgaben Vorrang haben?
- Wie stellen wir sicher, dass alle Beteiligten die Priorisierung verstehen und unterstützen?
- Wie oft sollten wir unsere Prioritäten überprüfen und gegebenenfalls anpassen?
- Wie messen wir den Fortschritt und Erfolg der priorisierten Projekte?

- Wie kommunizieren wir Änderungen der Prioritäten effektiv an alle betroffenen Akteurinnen und Akteure?
- Wie können wir unsere Priorisierungsprozesse flexibel halten, um auf unvorhergesehene Ereignisse reagieren zu können?
- Welche Rolle spielen Rückmeldungen und Beiträge der Mitarbeiterinnen und Mitarbeiter bei der Prioritätensetzung?
- Wie gehen wir mit Druck und Stress um, die durch hohe Prioritäten und knappe Fristen entstehen können?

In einem gemeinsamen Gestaltungsprozess wollen wir Antworten auf diese Fragen finden, um den Transformationspfad erfolgreich zu beschreiten.

## 6.3 Spielregeln für die gemeinsame Kommunikation

Wie recht der Soziologe und Gesellschaftstheoretiker Luhmann damit hat, dass Organisationen aus Kommunikation bestehen. Für Luhmann ist Kommunikation nicht nur eine Funktion oder ein Mechanismus innerhalb von Organisationen, sondern der grundlegende Baustein, aus dem sie bestehen.[4] Ohne Kommunikation würden Organisationen sterben, aus dem Markt verschwinden. Sie würden von Kunden nicht wahrgenommen. Aber noch wesentlicher brauchen Organisationen Kommunikation, um sich intern zu reproduzieren. Ohne Kommunikation kann Zusammenarbeit nicht funktionieren, können Entscheidungen nicht getroffen und Handlungen nicht koordiniert werden.

Umso erstaunlicher ist es, was aktuelle Studien[5] zur Kommunikation in Organisationen konstatieren. Demnach würden viele Organisationen die Kommunikation häufig dem Zufall überlassen, und – das wundert uns nicht – dies sei einer der Hauptgründe für die Entstehung von Problemen in Organisationen.

In Zeiten des Wandels und der Transformation scheinen die Kommunikationsprobleme sogar noch weiter zuzunehmen. Oft genug wird nicht offen und ehrlich miteinander gesprochen. Wichtige Botschaften kommen zu spät oder zu früh, manchmal sind sie widersprüchlich. Nicht selten wird »von oben herab« kommuniziert und Worte wie mit einer Gießkanne über die Köpfe der Beteiligten hinweg verteilt. Ein solches Vorgehen lässt wenig Raum für echtes Verständnis oder gar Engagement.

In einer Zeit, in der wir gemeinsam Neues schaffen wollen, ist es von grundlegender Bedeutung, sich zunächst darüber zu verständigen, wie man Gespräche miteinander führen kann und will.

## Dialog auf Augenhöhe

Wenn wir heute in Organisationen zusammenkommen, findet in den Gremien, Arbeitskreisen und Ausschüsse kaum ein Dialog statt. Häufig verlieren wir uns in polarisierenden und streitenden Diskussionen, deren Ergebnisse sich darin erschöpfen, dass wir unsere Position vermittelt und verteidigt haben. Das Streben nach bestimmten Positionen und Rollen sowie das Verteidigen der eigenen Pfründe ist in vielen Gesprächen leider zur Norm geworden, besonders in Zeiten des Wandels. Statt produktiv und effektiv zu sein, sind Meetings oftmals lang, trocken und langweilig. Andere Sichtweisen werden nicht als Bereicherung gesehen, man fokussiert sich vielmehr darauf, in den Argumenten und Sichtweisen der anderen einen Fehler zu finden.

In Wahrheit sind solche Diskussionen ein Kampf, in dem es ausschließlich Verlierer gibt. Wir sind kaum fähig, auf Augenhöhe miteinander zu reden, einander zuzuhören. Wir sind nicht gewillt, unsere Grundannahmen infrage zu stellen. Wir plädieren viel und fragen wenig. Wir sind eine belehrende Gemeinschaft, aber keine lernende.[6] Die Folge ist, dass die Beteiligten sich zurückhalten. Es gibt keine gemeinsame Suche. Man akzeptiert die vorgeschlagenen Wege und vorgegebenen Lösungen, statt gemeinsam zu denken und nach Neuem zu suchen.

## Die beiden wichtigsten Gesprächstypen für den Wandel

In der Unternehmenswelt sind Gespräche der Rohstoff für Fortschritt, insbesondere wenn es darum geht, gemeinsam Neues zu schaffen. Ein effektiver Austausch ist unerlässlich, um Informationen zu sammeln, auszuwählen und zu verarbeiten. Kreatives Schaffen erfordert Informationsaufnahme, Zuhören, Abwägen, Diskutieren, Abstimmen und Entscheiden. Die Qualität dieses Austauschs hängt wesentlich von der Haltung der Beteiligten ab – von ihren Vorannahmen, Bewertungen, Schlussfolgerungen und Urteilen. Wichtig ist, dass die Mitarbeitenden von der Organisation darin unterstützt werden, die vielfältigen Formen des Gesprächs je nach Kontext und Fragestellung angemessen zu nutzen.

### *1. Diskussion*

Die Diskussion ist eine effektive Kommunikationsmethode, bei der Probleme und Sachverhalte von mindestens zwei Personen analysiert und durchleuchtet werden. Kennzeichnend für eine Diskussion sind die – in der Regel – unterschiedlichen Standpunkte und Meinungen der Diskutanten. In einer Diskussion verstehen sich die Teilnehmenden als eigenständige Akteure, die ihre Standpunkte vertreten, Argumente austauschen und versuchen, die anderen von ihrer Position zu überzeugen. Die Diskussion ist eine effektive, aber auch begrenzte Form des Austauschs, da sie tendenziell zu einem Entweder-oder-Denken führt. Es geht eher darum, die eigene Denkweise triumphieren zu lassen, als um das bessere Argument. In einer Zeit, in der Veränderung die einzige Konstante ist, ist es jedoch notwendig, über den Tellerrand hinauszuschauen, Alternativen zu erkunden und alle Beteiligten einzuladen, gemeinsam über neue Möglichkeiten nachzudenken. Hier kommt der Dialog ins Spiel.

### *2. Dialog*

Der Dialog ist eine einzigartige Form der Kommunikation, bei der die Beteiligten gemeinsam nachdenken und das Ziel verfolgen, etwas völlig Neues zu schaffen, auf das sie selbst nicht gekommen wären. Im Mittelpunkt des Dialogs steht nicht der Wettbewerb oder der Wunsch, als Sieger hervorzugehen. Vielmehr verstehen sich die Teilnehmenden als komplementäre Partner, die gemeinsam mehr erreichen können als jeder einzelne allein. Anstatt andere Meinungen abzulehnen oder zu kritisieren, werden sie als wertvolle Beiträge begrüßt, die die eigene Perspektive erweitern und bereichern. Alle Beteiligten erkennen, dass durch die Zusammenarbeit aller ein weitaus besseres Ergebnis erzielt werden kann als durch Alleingänge. Deshalb sind alle offen für neue

Ideen und versuchen zu verstehen, wie andere zu ihren Ansichten gekommen sind.

Gemeinsames Gestalten ist auf eine dialogische Praxis angewiesen. Um komplexe Fragestellungen zu analysieren, brauchen wir unterschiedliche Sichtweisen, Erfahrungen und vielfältiges Wissen. Wir brauchen die Nivellierung von richtig und falsch, denn es geht nicht um Gewinnen oder Widerlegen. Der Sinn des Dialogs ist vielmehr, etwas Neues und Besseres aus den unterschiedlichen Weltsichten, Meinungen, Perspektiven und Interpretationen der Dialogteilnehmenden entstehen zu lassen.

Beide Formen, Diskussion und Dialog, sind unverzichtbar: Diskussionen fördern das Abwägen von Argumenten und das Treffen von Entscheidungen, Dialoge bieten Raum für gemeinsames Nachdenken und die Entwicklung von Neuem. Es ist wichtig, die richtige Balance zu finden und zu erkennen, in welcher Situation welche Art der Kommunikation am zielführendsten ist. Wenn schnelle Entscheidungen oder konkrete Maßnahmen erforderlich sind, empfiehlt sich eine Diskussion – hier steht die Effizienz im Vordergrund. Wenn es jedoch darum geht, kreative und neuartige Lösungen zu finden, kann eine zu starke Fokussierung auf Diskussionen hinderlich sein.[7] In solchen Momenten ist der offene, explorative Charakter des Dialogs unersetzlich. Wenn wir die Unterschiede zwischen diesen Kommunikationsformen verstehen und geschickt nutzen, können wir die Qualität und die Ergebnisse unserer Gespräche erheblich verbessern.

Unabhängig von der gewählten Kommunikationsform ist es essenziell, dass wir effektiv und respektvoll miteinander kommunizieren. Dies ist unerlässlich, um ein positives Arbeitsumfeld zu schaffen, in dem die Kommunikation erfolgreich sein und Früchte tragen kann.

Für einen Dialog ist es wichtig, für psychologische Sicherheit zu sorgen und eine anständige Kommunikation aufzubauen.

Psychologische Sicherheit zu bieten bedeutet, eine Umgebung zu schaffen, in der sich die Menschen frei fühlen, ihre Gedanken auszudrücken, Fehler anzusprechen und authentisch zu sein. Wenn Menschen sich psychologisch sicher fühlen, haben sie das Vertrauen und die Gewissheit, innerhalb einer Gruppe oder eines Teams ihre Ideen und Meinungen teilen zu können. Das fördert die Kreativität und die effektive Zusammenarbeit. Faktoren wie konstruktives Feedback, Offenheit und eine respektvolle Diskussionskultur spielen eine wichtige Rolle bei der Schaffung von psychologischer Sicherheit.

Anständige Kommunikation ist entscheidend in unserem täglichen Leben. Das bedeutet, respektvoll und höflich zu sein, anderen zuzuhören, ihre Meinungen zu respektieren und empathisch zu sein. Ehrlichkeit, Respekt und Gewaltfreiheit sind wichtige Elemente. Aktives Zuhören hilft, Missverständnisse zu vermeiden. Anständige Kommunikation fördert Beziehungen und schafft eine positive Atmosphäre.

Um sicherzustellen, dass ein Dialogprozess erfolgreich ist und von den meisten Teilnehmerinnen und Teilnehmern als angenehm empfunden wird, sollte er von folgenden Eigenschaften geprägt sein:[8]

- **Eine aktive und aufmerksame Form des Zuhörens:** Es geht darum, das Gehörte nicht nur aufzunehmen, sondern auch die tieferen Bedeutungen, die zwischen den Zeilen oder Worten liegen, zu erfassen. Dabei wird zunächst darauf verzichtet, zu kommentieren oder sofort zu antworten. Dieses Vorgehen zeugt von Respekt. Es signalisiert, dass man den anderen wirklich verstehen will, unabhängig davon, ob man mit ihm übereinstimmt oder nicht. Dieses aufmerksame Zuhören öffnet eine Tür, durch die Neues entstehen kann. Es lädt zu kreativen und innovativen Gedanken ein und fördert ein tieferes Verständnis in der Kommunikation.
- **Eine respektvolle Haltung:** Diese Haltung geht über oberflächliche Begegnungen hinaus und beinhaltet Interesse und Neugier statt Abwertung und Spott. Man vermeidet es, andere zu verurteilen und sich über sie zu erheben. Man begegnet anderen auf Augenhöhe, unabhängig von Status, Alter, Wissen, Besitz, Position, Geschlecht oder Religion. Respekt ist die bewusste Entscheidung, jedem Menschen offen und direkt zu begegnen, ohne ihn auf ein Podest zu stellen oder herabzusetzen.
- **Annahmen und Bewertungen suspendieren:** Für uns alle gilt, dass unser Denken und Handeln immer durch Erziehung, Erfahrungen, Urteile und Sozialisation geprägt ist. Für einen guten Dialogprozess ist es sinnvoll und wichtig, sich dessen bewusst zu sein und unsere eigenen Annahmen und Bewertungen zurückzunehmen. So können wir offen sein für die Perspektive unseres Gegenübers und ihm Raum

geben, seine Ideen einzubringen. Suspendieren bedeutet nicht, unsere Bewertungen und Vorannahmen zu negieren, sondern sie gegebenenfalls zum Gegenstand der weiteren Reflexion zu machen.

- **Offenheit und Neugier:** Im Dialog geht es darum, eine Haltung des Erforschens, des Beobachtens und des Lernens einzunehmen und damit Raum für Neues und Anderes zu schaffen. Im Dialog können neue Erkenntnisse, neues Verständnis und neue Nähe entstehen, aber das erfordert die Bereitschaft, dem anderen nicht als überlegen oder als Besserwisser zu begegnen, sondern sich lernfreudig zu zeigen. Das impliziert eine mentale und geistige Offenheit für neue Ideen und andere Sichtweisen, die auch bedeutet, lang etablierte Annahmen infrage zu stellen.
- **Produktives Plädieren:** Weil das, was im Dialog entsteht, größer sein kann als die Summe der einzelnen Meinungen und Ansichten, müssen wir die eigenen Annahmen offenlegen und Denkprozesse transparent machen. Erst wenn wir verstehen, wie bestimmte Positionen zu einem Problem entstanden sind, können wir das gemeinsame Verständnis des Themas erweitern. Anstatt nur das eigene Denken im Fokus zu haben, können wir andere einladen, Denkprozesse nachzuvollziehen und ihre Beobachtungen dazu zu äußern.
- **Reflektieren:** Wir heben uns sozusagen innerlich auf eine Metaebene und überprüfen das eigene Denken und die Gesamtsituation. Wichtiger als die Konzentration auf ein Thema kann aber auch die Beobachtung sein, wie wir aufeinander reagieren – möglicherweise mit Urteilen, Kritik, Ärger, Angst und automatisierten Reflexreaktionen.

### Beispiel

Als Petra das Familienunternehmen übernahm, hatte fast jede und jeder im Unternahmen Angst, dass sich im Unternehmen zu viel ändern würde. Die Führungskräfte wollten ihre Privilegien nicht aufgeben, die Mitarbeitenden hatten Angst, ihren Arbeitsplatz zu verlieren oder Veränderungen mitmachen zu müssen, denen sie nicht gewachsen waren. Alle hatten einen unterschiedlichen Umgang mit dem Wechsel an der Unternehmensspitze, welcher sich deutlich in der Kommunikation zeigte, vor allem in Meetings und auf Tagungen. In ihren 1:1-Gesprächen fand Petra zu fast allen Mitarbeiterinnen und Mitarbeitern einen guten Zugang, konnte mehr und mehr Verbundenheit aufbauen. Beim Zusammentreffen mehrerer Personen dagegen war es zunächst schwer, Verbundenheit herzustellen. Jeder kommunizierte aus seinen Ängsten heraus und der objektive Blick auf die Sachthemen fehlte. Deswegen waren die Meetings selten effektiv, immer emotional und chaotisch, weil Profilierung wichtiger schien, als sachliche Lösungen zu finden. Jegliche Kommunikation in Meetings zielte darauf ab, sich selbst darzustellen, seine Position im Unternehmen zu manifestieren. Keiner hörte dem anderen zu, sondern jeder überlegte, was er als Nächstes sagen könnte, um sich gut darzustellen. Petra moderierte die Meetings und sah nach einigen Wochen, dass es keine Besserung gab. Die Kommunikation war anstrengend und ineffektiv.

Deswegen begann sie, regelmäßige Termine allein mit den Führungskräften anzuberaumen, denn diese bauten ein Stück Verbundenheit auf. Meetings wurden nur noch in kleinen Runden abgehalten, um »zu üben«, sich auf die Sachlage zu konzentrieren. Jedes Meeting hatte eine Agenda, ein definiertes inhaltliches Ziel, einen festen Zeitrahmen. Oft starteten Meetings mit einem Check-in der Teilnehmenden (zum Beispiel: Wie fühle ich mich heute, und was ist bestenfalls das Ergebnis dieses Meetings?), um eine Stimmung der Kooperation und der Verbundenheit zu schaffen.

Nach und nach wurden die Meetings besser, die Moderation wurde leichter und das Eingreifen wurde immer seltener. Diese Entwicklung ging einher mit der zunehmenden Sicherheit, die die Menschen im Unternehmen fühlten. Denn wer sich sicher fühlt, musste sich nicht andauernd profilieren, zumal jede Profilierung von Petra gleich angesprochen und sanktioniert wurde. Die Mitarbeitenden trauten sich immer häufiger, ihre Meinung zu sagen. Aus einer Vielzahl von Gesprächen wusste Petra, dass ihr Vorgänger in Meetings häufig geschrien und Menschen, die seiner Meinung widersprachen, verhöhnt hatte. Das war eine Erklärung für die Angst der Menschen. Psychologische Sicherheit kann sehr leicht ins Wanken gebracht werden.

Petra versuchte mit viel Energie und Geduld, Vertrauen zu schenken und zu bekommen, die Sachthemen voranzubringen, wenn möglich Ergebnisse zu erzielen oder, wenn nötig, Ergebnisse auch einmal zu vertagen. Bevor Petra die Führung übernommen hatte, war das Unternehmen vom Prinzip »Law and Order« geprägt. Sie versuchte, durch Kommunikation und Partizipation ein »gemeinsames Boot« zu gestalten. Das war ein langer Weg, aber ein erfolgreicher. Auch in Krisen bewies sich dieser Weg; nur wenige Mitarbeitende fielen in ihre alten Muster zurück, wenn das Eis für sie dünn wurde.

Wichtig in diesem Prozess war, immer das Big Picture zu kommunizieren. Gerade in Transformationsprozessen kommt es darauf an, eine agile Organisation zu haben. Etwas wird in einer Testgruppe versucht; wenn es funktioniert, wird es ausgerollt, wenn nicht, wird es geändert. Dafür braucht man eine klare Kommunikation. Wenn diese Kommunikation nicht stattfindet, dann fühlen sich die Zweifler bestätigt, sobald ein Test nicht funktioniert. »Habe ich euch doch gleich gesagt, dass das so nicht läuft.«.

Kommunikative Transparenz ist einer der wichtigsten Pfeiler in jeder Transformation. Deswegen begann Petra jedes Meeting damit, dass sie erklärte, wo man mit dem Unternehmen hinwill, wie man das erreicht und wo man aktuell steht. Jede Woche gab es für die Mitarbeitenden in allen Ländergesellschaften ein Video mit entsprechenden Inhalten. Gerade die häufigen Wiederholungen des immer Gleichen hat den Menschen die Sicherheit gegeben.

In Petras Unternehmen gab es regelmäßig gemeinsame Essen und Feiern, gerade wenn Vertriebsmitarbeitende aus ganz Europa zusammentrafen. Zu Beginn von Petras Zeit gab es die Tendenz, während der Meetings die neue Kultur und die neuen Kommunikationsspielregeln zu leben, aber abends bei den Veranstaltungen wieder in alte Muster zu verfallen. Alkoholkonsum hat dieses Verhalten noch verstärkt. Oft gab es zotige Witze auf Kosten von anderen, hin und wieder auch grenzwertige Übergriffe. Petra thematisierte auch dies bei den Führungskräften: Die aufkommende Verbundenheit, die sich tagsüber durch die neuen Verhaltensweisen aufbaute, verstärkte sich bei den gemeinsamen Essen oft nicht, wie es eigentlich erwartbar gewesen wäre, sondern wurde wieder zerstört. Das empfanden die meisten Führungskräfte auch so. Nach dieser Aussprache wurden Regeln definiert, Grenzen festgelegt, zu deren Einhaltung sich alle verpflichteten.

Das war ein wichtiger Wendepunkt in der Kultur des Unternehmens, weil die Führungskräfte so lernten, selbst Leuchttürme und Vorbilder für die Mitarbeitenden zu sein. Nach ein paar Monaten entwickelte sich so etwas wie eine soziale Kontrolle untereinander. Wenn eine Mitarbeiterin oder ein Mitarbeiter die definierten Regeln brach, dann wurde sie oder er von den anderen darauf hingewiesen. So konnte sich zwar langsam, aber bestimmt, eine neue Kultur im Unternehmen etablieren.

## 6.4 Spielregeln für die Entscheidungsfindung

Wie können wir in Zeiten des Wandels sicherstellen, gute und richtige Entscheidungen zu treffen? Vielleicht indem man über relevante Informationen und valides Wissen verfügt? Das wäre zwar oft hilfreich, ist aber bei der Gestaltung komplexer sozialer Systeme nicht immer zielführend, denn komplexe Systeme verhalten sich nicht deterministisch. Selbst wenn uns sämtliche Informationen über alle Parameter zur Verfügung ständen, wäre damit nicht gewährleistet, dass wir gute Entscheidungen träfen. Gute Entscheidungen zeichnen sich unter anderem dadurch aus, dass wir sie nicht trotz, sondern wegen unseres Nichtwissens treffen. Entscheiden hat immer mit Nichtwissen zu tun.

Eine gute Entscheidung zeichnet sich durch mehrere Merkmale aus:[9]

- Erstens sollte die Entscheidung innerhalb eines angemessenen Zeitrahmens getroffen werden, um unnötige Verzögerungen zu vermeiden, die zu verpassten Gelegenheiten oder höheren Kosten führen könnten.
- Zweitens sollte sich die Entscheidung auf die erwarteten Auswirkungen konzentrieren und nicht ausschließlich auf rationale Gründe. Denn die unternehmerische Welt ist zu komplex, um rational begründbare Voraussagen zu treffen.
- Drittens ist die Einbeziehung von Expertenwissen wichtig.

- Viertens sollte die Entscheidung konsequent auf das angestrebte Ziel ausgerichtet sein und von allen mitgetragen werden.
- Schließlich sollte die Entscheidung realistisch und praktikabel sein und die Vielfalt der Perspektiven und Kompetenzen berücksichtigen.

Es ist wichtig zu verstehen, dass die Art und Weise, wie Entscheidungen getroffen werden, in Zeiten des Wandels von ihrem Kontext abhängt. Manchmal ist es notwendig, schnelle Entscheidungen zu treffen – von einer verantwortlichen Person mit Risikobereitschaft und Entschlossenheit. In anderen Fällen bedarf es partizipativer Entscheidungsprozesse, die mit Geduld, Ruhe und ausreichend Zeit für Dialog und Austausch erfolgen, um von allen Beteiligten im Unternehmen getragen werden zu können.

Partizipative Entscheidungsprozesse sind oft mit der Herausforderung verbunden, dass sie viel Zeit in Anspruch nehmen. Auf der anderen Seite führt eine gemeinsam getroffene Entscheidung zu einer höheren Verbindlichkeit. Gerade in komplexen Situationen ist dies von Vorteil, da es die Beteiligten ermutigt, ihre individuellen Fähigkeiten in den Entscheidungsprozess einzubringen.

Um Wandel gemeinsam gestalten zu können, sind Entscheidungen unerlässlich. In bestimmten Phasen mag ein autoritärer Entscheidungsstil notwendig sein. Doch ebenso wichtig sind Entscheidungen, die aus einem kollektiven Prozess hervorgehen. Dies zu meistern, ist eine der wesentlichen Lektionen im gemeinsamen Gestaltungsprozess. Es mag für manche einem Paradigmenwechsel gleichkommen, wenn Entscheidung aus einem Prozess heraus entstehen, an dem alle wichtigen Experten und Gestalter beteiligt sind, statt von Einzelpersonen oder einem kleinen Gremium getroffen zu werden. Dieser Prozess muss klar definiert und strukturiert sein, um effektiv zu funktionieren.

### Wie kommt man zu einer gemeinsam getragenen Entscheidung?

1. Auswahl der richtigen Personen: Für eine effektive Entscheidungsfindung ist es wichtig, frühzeitig Expertenwissen einzubeziehen. Jeder, der einen Beitrag leisten kann, sollte einbezogen werden, um das gesamte verfügbare Wissen zu nutzen.
2. Transparenz: Vor einer Entscheidung ist es wichtig, alle notwendigen Informationen zu sammeln und sicherzustellen, dass alle Beteiligten den gleichen Informationsstand haben. Dies ist die Grundlage für eine fundierte Entscheidungsfindung.
3. Kommunikation und Austausch: Ein offener und ehrlicher Dialog über unterschiedliche Standpunkte und Meinungen ist unerlässlich. Dies fördert das gegenseitige Verständnis und ermöglicht fundierte Entscheidungen.
4. Reflexion und Diskussion: Gute Entscheidungen sind das Ergebnis eines ganzheitlichen Prozesses, der Kopf, Herz, Verstand und Intuition einbezieht. Sie brauchen Zeit und gründliche Überlegung.
5. Konsens oder Mehrheitsentscheidung: Vor Beginn des Prozesses sollte geklärt werden, wie die Entscheidungsfindung ablaufen soll. Wenn kein Konsens erzielt werden kann, kann eine Mehrheitsentscheidung eine Alternative sein.
6. Ausreichend Zeit: Manchmal ist es ratsam, sich für die Entscheidungsfindung Zeit zu nehmen. Geben Sie allen Beteiligten ausreichend Zeit zum Nachdenken und zum Abwägen der Folgen. Um sicherzustellen, dass alle Aspekte angemessen berücksichtigt werden, können mehrere Sitzungen oder Diskussionen sinnvoll sein.

**Systembezogene Entscheidungsempfehlungen**

| KOMPLIZIERTE ZUSAMMENHÄNGE | KOMPLEXE ZUSAMMENHÄNGE |
|---|---|
| Das System kann viele, klar determinierbare Zustände einnehmen. | Das System kann viele Zustände einnehmen, die nicht klar determinierbar sind. |
| in Einzelteile zerlegbar ► Wiederaufbau möglich | nicht zerlegbar und nicht rekonstruierbar |
| analytisch bestimmbar | analytisch unbestimmbar |
| Bewertungen: wahr/unwahr, falsch/richtig, gut/schlecht | Bewertungen: Es kommt darauf an! Kontext, Perspektive |
| Rezepte und Best Practices | Mustererkennung |
| Widersprüche, Gegensätze, Mehrdeutigkeiten nicht ertragbar | Ambiguitätstoleranz |
| Sicherheit erreichbar – Planung/Steuerung/Regelung | Unsicherheit reduzierbar/Versuch und Irrtum/Selbstorganisation |
| Fokus auf Teile und Stabilität | Fokus auf Beziehungen und Kommunikation |
| **Aufgabe der Führungskraft** | |
| Management basiert auf Fakten | Management basiert auf Lösungskonzepten: kreativ und innovativ |
| erkennen, analysieren, reagieren | ausprobieren, erkennen, reagieren |
| Expertengremien einsetzen | Expertengremien einsetzen und auf Intuition hören<br>Durch das Erkennen von Mustern schafft Intuition Handlungsfähigkeit in komplexen Situationen. |
| widersprüchliche Ratschläge anhören und abwägen | Umgebungen schaffen, die...<br>- die Entstehung von Mustern ermöglichen<br>- Interaktion/Kommunikation/Multiperspektivität fördern<br>- die Entwicklung von Ideen fördern<br>- offene Meinungsverschiedenheiten fördern und zulassen |
| Berücksichtigung des reflexiven Lernens aus der Vergangenheit | KI-Mustererkennung nutzen |
| | |

angelehnt an den Harvard Business Manager, Snowden& Boone, 2007

Abb. 9: Systembezogene Entscheidungsempfehlungen

## Beispiel

Petra wusste, dass Entscheidungen nur dann umgesetzt wurden, wenn sie von allen Betroffenen getragen wurden. Das bedeutete nicht, dass jede und jeder mit allen Entscheidungen einverstanden sein musste, aber sie mussten zumindest verstehen, warum die Entscheidungen getroffen wurden. Im Unternehmen, das Petra als Geschäftsführerin übernommen hatte, galt bis dato jedoch: »Der Vorstand entscheidet selbst, ich bin nicht wichtig genug, um an Entscheidungen mitzuwirken.« Die Konsequenz dieser ungeschriebenen Regel war, dass man zwar offiziell dem Vorstand zustimmte, hinter vorgehaltener Hand aber lästerte und die Entscheidungen nicht umsetzte. Die Menschen fühlten sich als Opfer und verhielten sich auch so. »Der hat zwar keine Ahnung, aber was soll ich tun, ich muss dem folgen.« Dieses Opferverhalten bedeutete auch eine Komfortzone für die Mitarbeitenden. Es galt, diese Komfortzone zunächst bewusstzumachen und dann aufzulösen.

Die Menschen zu Gestaltenden zu machen, sie zu überzeugen, wirksam zu sein, Ownership für die Umsetzung zu übernehmen – alles das musste Petra erreichen, um Veränderungen zu initiieren. Bei einem wichtigen Vertriebsmeeting präsentierte Petra einmal ein Thema, für das es eine Entscheidung brauchte. Sie hatte eine klare Präferenz, welcher Entscheidung es bedurfte, ließ das Thema aber ungeachtet dessen diskutieren. Jeder konnte seine Position darstellen, und letztlich entschieden alle gemeinsam einen Mittelweg, der von allen getragen wurde. Dieser Mittelweg wurde im Protokoll festgehalten; das Ergebnis sollte bei einem Termin in sechs Wochen überprüft werden. Nun wusste jeder, dass er Ownership übernehmen musste. Petra hatte sich für diesen Mittelweg entschieden, obwohl sie eine andere Entscheidung präferiert hätte.

Nach sechs Wochen trugen alle die Ergebnisse zusammen. Unter dem Strich war die Zielvorgabe übererfüllt worden. Petra thematisierte den Prozess am Ende des Meetings, fragte, wie die Führungskräfte sich fühlten. Das Ergebnis war nicht überraschend, aber ein Gamechanger für die zukünftige Zusammenarbeit. Die Führungskräfte waren stolz, die Ergebnisse übererfüllt zu haben, fühlten sich nicht als Opfer, sondern ganz im Gegenteil: Sie fühlten sich als Gestalter des Transformationsprozesses.

## 6.5 Spielregeln für Konflikte

Wenn wir anerkennen, dass der Wandel von Unternehmen eine gemeinsame Anstrengung ist, die von verschiedenen Akteuren gestaltet wird, um das System in immer komplexeren Zusammenhängen weiterzuentwickeln, dann können wir auch sicher sein, dass dieser gemeinsame Gestaltungsprozess viele Konflikte hervorbringen wird.

Bisher galt es in Organisationen, Konflikte zu vermeiden. Konflikte hatten einen schlechten Ruf. Man strebte nach Harmonie und wollte mit einer Stimme sprechen, um Stärke und Loyalität zu demonstrieren. Wenn es dennoch zu Konflikten kam, ging man davon aus, dass jemand einen Fehler gemacht hatte. Im Wesentlichen wurden zwei Strategien angewandt: Entweder die zuständige Führungskraft löste den Konflikt auf ihrer Ebene oder man versuchte, die Konflikte unter Verschluss zu halten und Harmonie zu zeigen.

Diese Betrachtung von Konflikten ist im Grunde genommen eine überholte und nicht funktionierende Sichtweise, insbesondere wenn man gemeinsam etwas Neues und Anderes schaffen will. Während der Phase des Experimentierens und Suchens können bestimmte Konflikte nämlich eine wichtige Funktion erfüllen und Prozesse in ihrer Entwicklung vorantreiben.

Es ist also an der Zeit, Konflikte aus einer frischen Sichtweise heraus zu betrachten. Konflikte sind gute Veränderungsassistenten und spielen als Motoren des Wandels eine entscheidende Rolle. Sie machen Unterschiede deutlich und können uns anregen, reflektierter zu werden. Klaus Eidenschink argumentiert, dass Konflikte eine Dynamik erzeugen, die als Auflösung von Stabilität betrachtet werden kann. Er stellt fest, dass Konflikte und deren Lösung eine wichtige evolutionäre Errungenschaft sind, ohne die Veränderung nicht möglich wäre.[10] Konflikte erweitern unsere Optionen und lassen neue Möglichkeiten entstehen. Der Gruppendynamiktrainer und Sozialwissenschaftler Gerhard Schwarz ging sogar so weit zu behaupten, dass nur wenige Veränderungen in der menschlichen Geschichte nicht auf Konflikte oder konfliktreiche Auseinandersetzungen zurückzuführen sind. Die Weiterentwicklung von Gruppen und Organisationen sowie die Suche nach Identität gehen seiner Meinung nach immer mit Konflikten einher. Weiterentwicklung und Veränderung stehen dabei im Spannungsfeld von Gut und Böse.[11]

Um den Wandel gemeinsam gestalten zu können, brauchen wir also konfliktfähige Akteure, die aktiv und konstruktiv mit Meinungsverschiedenheiten umgehen. Es geht darum, den eigenen Standpunkt klar zu kommunizieren und gleichzeitig offen für die Anliegen der anderen Seite zu sein. Konfliktfähige Menschen sehen Unterschiede als Bereicherung und sind bereit, aus ihnen zu lernen. Mut, Einsicht und Lernbereitschaft sind wichtige Eigenschaften für Konfliktfähigkeit. Auf organisatorischer Ebene erfordert dies geeignete Strukturen, Schulungen und Arbeitsprozesse, um Konflikten einen Raum zu geben.

Sollten trotz aller Bemühungen Eskalationen im Rahmen unseres gemeinsamen Gestaltungsprozesses auftreten, empfehlen sich folgende Spielregeln für den Umgang mit Konflikten:

1. **Schaffung eines neutralen Raums für den Dialog:** Es ist entscheidend, einen Raum zu etablieren, in dem beide Parteien ihre Standpunkte frei und offen darlegen können. Ein solcher Raum der Klärung und Kommunikation ermutigt die Beteiligten, ihre Anliegen ehrlich und ohne Furcht vor negativen Konsequenzen zu äußern. Der offene Austausch von Standpunkten und Perspektiven fördert das gegenseitige Verständnis und kann dazu beitragen, gemeinsame Lösungen zu finden und Missverständnisse auszuräumen.

2. **Einsatz von neutralen Vermittlern:** Mediatoren können eine Schlüsselrolle spielen, indem sie die Kommunikation zwischen den Konfliktparteien verbessern und helfen, Missverständnisse zu klären. Sie unterstützen bei der Findung einer fairen Lösung und bringen eine objektive Perspektive ein, die hilft, die Emotionen aus dem Konflikt herauszunehmen.

3. **Anwendung von Mediationstechniken:** Mediationstechniken sind effektive Werkzeuge zur Konfliktlösung. Ein Mediator nutzt Methoden wie aktives Zuhören, Einfühlungsvermögen, den Einsatz neutraler Sprache, Problemlösungsstrategien, die Win-win-Mentalität und die Wahrung von Vertraulichkeit, um Konflikte zu schlichten.

Diese Techniken verbessern nicht nur die Kommunikation, sondern führen auch zu Lösungen, mit denen alle Beteiligten zufrieden sein können.

Diese Ansätze sind darauf ausgerichtet, in kritischen Momenten Unterstützung zu bieten und eine konstruktive Weiterführung des gemeinsamen Weges zu ermöglichen.

Von Beginn der Zusammenarbeit an ist es wichtig, dass alle Beteiligten die Bedeutung eines angemessenen Umgangs mit Konflikten verstehen und akzeptieren. Konflikte müssen in ihrer Dynamik erkannt und im Idealfall von den Beteiligten selbst reguliert werden.

## 6.6 Spielregeln für die Priorisierung

In Zeiten des Wandels ist die Fähigkeit zur Ambidextrie, also zur Beidhändigkeit, für Organisationen von entscheidender Bedeutung. Während das Neue noch im Entstehen begriffen ist und oft durch das Altbewährte finanziert wird, müssen Organisationen sowohl das Bewährte pflegen als auch das Neue vorantreiben. Dies erfordert einen sorgfältigen Umgang mit den verfügbaren Ressourcen und Kräften. Organisationen können es sich nicht leisten, gleichzeitig auf allen Hochzeiten zu tanzen. Sie müssen ihre Energie und Stärken gezielt einsetzen. Ohne effektive Priorisierung riskieren sie, entscheidende Entwicklungen zu verpassen. Durch Priorisierung stellen sie sicher, dass alle Ressourcen auf die wichtigsten Aufgaben und Projekte konzentriert und die begrenzten Mittel optimal genutzt werden. Priorisierung ist zudem essenziell, um Klarheit zu schaffen. Sie ermöglicht es Unternehmen, den Überblick zu behalten und Entscheidungen schnell und effizient zu treffen. Dies gewährleistet, dass die Organisation flexibel auf Veränderungen reagieren kann, während sie gleichzeitig ihre langfristigen Transformationsziele im Auge behält.

Um Priorisierungen vornehmen zu können, empfehlen wir einen erprobten Prozess, in dem die relevanten Themen zunächst in eine Rangfolge gebracht und anschließend den zur Verfügung stehenden Ressourcen zugeordnet werden:[12]

- **Festlegung der Bewertungsdimensionen.** Der Prozess beginnt mit der Festlegung der Bewertungsdimensionen, auf die sich die Entscheidungsträgerinnen und -träger einigen müssen. Diese Dimensionen sollten sich an den Bedürfnissen und Zielen des Bereichs oder der gesamten Organisation orientieren, für den/die der Priorisierungsprozess durchgeführt wird. Die bekannte Eisenhower-Matrix zum Beispiel bildet die Dimensionen Dringlichkeit und Wichtigkeit ab. Darüber hinaus können weitere Dimensionen wie Ziele der Unternehmensentwicklung oder spezifische Transformationsziele berücksichtigt werden. Auch der Kundennutzen, die Wirtschaftlichkeit des Unternehmens, der strategische Business-Impact und eine erste grobe Aufwandsschätzung können wichtige Bewertungsdimensionen sein.
- **Für gemeinsames Verständnis sorgen.** Um eine Priorisierung vornehmen zu können, ist es unerlässlich, die Themen angemessen zu beschreiben und ein Verständnis bei den Teilnehmenden zu erreichen. Bei Unklarheiten haben die Teilnehmenden die Möglichkeit, Fragen zu stellen, die von den anwesenden Expertinnen und Experten beantwortet werden. Das Hauptziel dieser Phase ist es, ein verbindliches Verständnis der diskutierten Themen unter allen Teilnehmenden zu erreichen. Eine solche Verständigung trägt auch dazu bei, zukünftige Hindernisse zu vermeiden und sicherzustellen, dass der Fortschritt in den nachfolgenden Phasen nicht durch Missverständnisse gefährdet wird.
- **Bewertung und erste Priorisierung.** Der erste Schritt im Prozess der Priorisierung ist die individuelle Bewertung eines Themas, die jeder Teilnehmende mithilfe einer Entscheidungskarte oder -skala vornimmt.

| WERT | PRIORITÄT | FARBE | BEWERTUNG |
|---|---|---|---|
| 10 | NOTWENDIG | GRÜN | AUS JETZIGER SICHT NOTWENDIG |
| 9 | DRINGEND ANGERATEN | GRÜN | |
| 8 | ANGERATEN | GRÜN | |
| 7 | SINNVOLL | BLAU | SINNVOLL |
| 6 | VERNÜNFTIG | BLAU | |
| 5 | ÜBERDENKENSWERT | ROT | AUS JETZIGER SICHT IST ES NICHT SINVOLL |
| 4 | WENIG SINNVOLL | ROT | |
| 3 | NICHT SINNVOLL | ROT | |
| 2 | FRAGWÜRDIG | ROT | |
| 1 | NICHT DARSTELLBAR | ROT | |

Abb. 10: Detaillierter Bewertungsraum für den Priorisierungsprozess nach Richard Graf

Danach werden alle Bewertungen in der Gruppe analysiert. Zuerst erläutern die Teilnehmenden mit den niedrigsten Bewertungen des Themas ihre Gründe, gefolgt von jenen Teilnehmenden mit den höchsten Bewertungen. Die Einzelbewertungen werden in einer intensiven Diskussion ausgetauscht, um zu einer gemeinsamen Bewertung zu gelangen.

## Gemeinsame Priorisierung und finales Ergebnis

In dieser Phase des Prozesses werden die individuellen Bewertungen der Teilnehmenden zu einer gemeinsamen Priorisierung zusammengeführt. Dies geschieht durch eine strukturierte Diskussion mit dem Ziel, die unterschiedlichen Perspektiven zu einer einheitlichen Bewertung zu vereinen. Auf diese Weise wird ein gemeinsames Commitment für jedes Thema entwickelt.

Am Ende dieser Phase steht eine klare Priorisierung, die die verschiedenen Themen in fünf Kategorien einteilt: von »notwendig« (Bewertungen 10, 9, 8) bis »sinnvoll« (Bewertungen 7, 6). Themen, die weniger als 6 Punkte erhalten, werden nicht weiterverfolgt. Diese strukturierte Einteilung hilft dabei, die Ressourcen auf die wichtigsten Themen zu konzentrieren und weniger dringende Aspekte zu erkennen.

Priorisierungswand

| | | | | |
|---|---|---|---|---|
| 10 | PROJEKT 1 | PROJEKT 21 | | |
| 9 | PROJEKT 4 | PROJEKT 14 | PROJEKT 12 | PROJEKT 17 |
| 8 | PROJEKT 5 | PROJEKT 3 | PROJEKT 20 | |
| 7 | PROJEKT 11 | PROJEKT 2 | PROJEKT 22 | PROJEKT 23 |
| 6 | PROJEKT 8 | PROJEKT 7 | | |
| 1-5 | PROJEKT 9 | PROJEKT 13 | PROJEKT 18 | PROJEKT 19 |

Basisprojekte

Abb. 11: Übersicht über die Prioritäten

## 6.7 Die Bedeutung von Räumen für das gemeinsame Gestalten

Für das gemeinsame Gestalten von Transformation ist es nicht nur wichtig, dass die Spielregeln eingehalten werden, sondern auch, dass die Organisationen auch geeignete Strukturen und Räume schaffen, damit die Neugestaltung stattfinden kann. Es braucht Diskurs- und Dialogräume, in denen Menschen zusammenkommen, um sich auszutauschen und sich auf die Suche nach Lösungen zu machen. Diese Räume basieren auf Vertrauen und einer Kultur, die unterschiedliche Weltsichten, Perspektiven und Interpretationen zulässt, ja sogar begrüßt. »Es sind Denkräume der Aufmerksamkeit, des Zuhörens, der Vielfalt, der Gleichberechtigung. Räume, in denen Andersartigkeit als Bereicherung erlebt und gewünscht wird. In denen man den Mut hat, mit Lösungsvorschlägen unzufrieden zu sein, um gemeinsam etwas Besseres zu entwickeln.«[13]

Aus diesem anderen Raum entsteht Neues. Auf der anderen Seite sind Räume ebenso wichtig, um aus Ideen Prototypen und Neues entstehen zu lassen. Ein solcher Raum ermöglicht es, Ideen zu konkretisieren und umzusetzen. Hier entstehen Prototypen, Modelle und erste Ansätze für Veränderungen. Es ist ein Raum, in dem experimentiert werden darf, in dem Fehler gemacht und aus ihnen gelernt werden kann. Ein Raum, der Kreativität und Innovation fördert, in dem kreative Prozesse in Gang kommen und Visionen Wirklichkeit werden können. Es braucht eine offene Haltung gegenüber dem Unbekannten und dem Neuen.

## 6.8 Praktische Empfehlungen und Tipps

### Zum Thema Konflikte

1. **Konflikte auch als Chance sehen.** Konflikte sind nicht zwangsläufig negativ. Diese Haltung gegenüber Konflikten ist veraltet und nicht zielführend, insbesondere wenn es darum geht, etwas Neues und Anderes zu schaffen. Konflikte können eine wichtige Funktion erfüllen und den Entwicklungsprozess vorantreiben, insbesondere in Phasen des Experimentierens und Suchens. Es ist an der Zeit, Konflikte aus einer neuen Perspektive zu betrachten und sie als Helfer des Wandels zu sehen.

2. **Konfliktfähigkeit lernen und fördern.** Fördern Sie die Fähigkeit Ihrer Mitarbeitenden, konstruktiv mit Meinungsverschiedenheiten und Konflikten umzugehen. Schaffen Sie ein Umfeld, das den offenen Austausch von Standpunkten unterstützt. Konfliktfähige Menschen

können ihren Standpunkt klar kommunizieren und sind offen für die Anliegen anderer. Konfliktfähige Menschen nutzen Konflikte nicht für ihre eigenen Interessen und Bedürfnisse, sondern sehen Konflikte und Unterschiede als Bereicherung und sind bereit, daraus zu lernen.

3. **Schulungen und Workshops anbieten.** Investieren Sie in Schulungen, die speziell auf die Entwicklung von Konfliktlösungskompetenzen abzielen. Workshops können dabei helfen, das Bewusstsein für die Bedeutung konstruktiver Konfliktlösung zu schärfen und praktische Fähigkeiten in diesem Bereich zu entwickeln.

4. **Stärkung der emotionalen Kompetenz der Mitarbeitenden.** Schaffen Sie in Ihrer Organisation die richtigen Strukturen, bieten Sie Schulungen an, und fördern Sie eine Atmosphäre, die Raum für Emotionen lässt. Konflikte sind stets mit Emotionen verknüpft. Wir können den Umgang mit Konflikten verbessern, wenn wir lernen, unsere eigenen Gefühle und die der anderen angemessen zu verstehen und zu handhaben.

5. **Erstellen Sie klare Richtlinien und Handlungsanweisungen.** Jede Organisation sollte eindeutige Richtlinien für den Umgang mit Konflikten formulieren und dokumentieren. Diese sollten detailliert beschreiben, wie Konflikte gemeldet werden, wer für die Lösung verantwortlich ist und welche Maßnahmen ergriffen werden sollten, um eine weitere Eskalation zu verhindern. Solche Richtlinien setzen klare Erwartungen und definieren Verantwortlichkeiten, wodurch sie eine konsistente Herangehensweise bei der Konfliktbewältigung gewährleisten. Sie dienen nicht direkt als Lösungsmethoden, sondern bieten den Beteiligten Orientierung, wie in bestimmten Konfliktsituationen verfahren werden kann.

6. **Mediationstechniken einsetzen.** Bieten Sie Schulungen in Mediationstechniken an, die es Führungskräften und Mitarbeitenden ermöglichen, als neutrale Dritte bei Konflikten zu vermitteln.

## Zum Thema Kommunikation

1. **Förderung eines dialogischen Ansatzes.** Erkennen Sie den Wert des Dialogs als eine einzigartige Form der Kommunikation mit dem Ziel, gemeinsam etwas Neues zu schaffen. Sorgen Sie dafür, dass in Ihrer Organisation eine Kultur des offenen Dialogs gepflegt wird, in der unterschiedliche Perspektiven als wertvolle Beiträge geschätzt werden.

2. **Entwickeln Sie dialogische Kompetenzen.** Bieten Sie Schulungen und Workshops an, um dialogische Kompetenzen Ihrer Mitarbeitenden zu entwickeln. Veranstalten Sie Workshops, in denen ausschließlich das dialogische Prinzip verwendet wird. Ermutigen Sie Ihre Mitarbeitenden, aktiv zuzuhören, respektvoll zu kommunizieren und ihre eigenen Annahmen und Bewertungen zu hinterfragen. Fördern Sie eine offene, neugierige und selbstreflektierte Haltung.

3. **Finden Sie die richtige Balance zwischen Diskussion und Dialog.** Unterscheiden Sie zwischen Diskussionen, die Entscheidungsfindung und Effizienz fördern, und Dialogen, die Raum für kreative Ideen und innovative Lösungen bieten. Verstehen Sie, wann welche Art der Kommunikation am effektivsten ist, und fördern Sie beide Formen entsprechend.

4. **Schaffen Sie psychologische Sicherheit.** Bieten Sie Ihren Mitarbeitenden ein Umfeld, in dem sie sich frei fühlen, ihre Gedanken und Ideen zu äußern, ohne Angst vor negativen Konsequenzen haben zu müssen. Fördern Sie Offenheit, Vertrauen und einen respektvollen Umgang miteinander, um die Kreativität und die Zusammenarbeit im Team zu stärken.

5. **Schaffen Sie geeignete Strukturen und Räume.** Ihre Organisation muss Räume schaffen, in denen Menschen zusammenkommen können, um jenseits von traditionellen Denkmustern und Hierar-

chien den Wandel zu gestalten. Diese Räume sollten auf Vertrauen und einer Kultur der Vielfalt basieren, die unterschiedliche Perspektiven und Interpretationen zulässt und sogar begrüßt.

6. **Nutzen Sie Großgruppensitzungen und andere interaktive Diskussionsmethoden.** Es ist sinnvoll, strukturierte Gesprächsmethoden zu nutzen, die es den Teilnehmenden ermöglichen, gemeinsam kreative und maßgeschneiderte Lösungen zu entwickeln. Um zu verhindern, dass Diskussionen abschweifen, ist es entscheidend, klare Grenzen zu setzen. Durch die Festlegung eindeutiger Regeln und Richtlinien können Sie das Verhalten in Ihrem Unternehmen effektiv steuern und regulieren.

## Zum Thema Entscheidungen

1. **Multiperspektivität in der Entscheidungsfindung.** Berücksichtigen Sie bei der Entscheidungsfindung in komplexen Systemen ein breites Spektrum an Perspektiven und Lösungsansätzen. Ermöglichen Sie Ihren Teammitgliedern, unterschiedliche Perspektiven einzubringen, und fördern Sie die Entwicklung vielfältiger Lösungsansätze.

2. **Experimentieren Sie.** Akzeptieren Sie, dass Antworten nicht immer offensichtlich sind und dass Entscheidungen oft durch Ausprobieren, Erkennen und Reagieren getroffen werden müssen. Schaffen Sie Umgebungen, die das Entstehen von Mustern unterstützen und die Interaktion und die Entwicklung von Ideen fördern.

3. **Offene Diskussionen fördern.** Ermutigen Sie zu offenen Diskussionen und zum konstruktiven Austausch von Meinungen, auch wenn diese widersprüchlich sind. Geben Sie Ihren Teammitgliedern die Möglichkeit, ihre Ansichten frei zu äußern, aber stellen Sie gleich-

zeitig sicher, dass Entscheidungen nicht im Chaos enden, indem Sie klare Grenzen setzen.

4. **Vertrauen Sie Ihrer Intuition.** Gerade in komplexen Situationen ist Ihre Intuition ein wichtiger Faktor bei der Entscheidungsfindung. Lernen Sie, auf Ihr Bauchgefühl zu hören. Vertrauen Sie darauf, dass Ihre Intuition Ihnen helfen kann, Muster zu erkennen und angemessen auf Unsicherheit und Unvorhersehbarkeit zu reagieren.

# Nachwort

Die Fähigkeit zur Transformation wird zukünftig entscheidend sein für den Erfolg von Unternehmen und auch von Menschen. Transformationsfähigkeit besteht dann, wenn es gelingt, sich erfolgreich in einem sich rasch verändernden, immer komplexer werdenden und unvorhersehbaren Umfeld zu positionieren und Zukunftsfähigkeit sogar proaktiv zu gewährleisten. Anstatt die Motivation für die Transformation allein aus der Krise heraus zu ziehen, sollten wir vielmehr versuchen, unsere generelle Anpassungsfähigkeit und Flexibilität zu stärken. Transformation sollte als ein Prozess betrachtet werden, der es uns ermöglicht, innovative und flexible Paradigmen und Kooperationslogiken zu entwickeln, um gezielte Schritte zur Sicherung unserer Zukunftsfähigkeit zu unternehmen.

Daher glauben wir, Transformation braucht

- bereitwillige **Kooperation** mehr denn Konkurrenz,
- **die Kompetenz zur Komplexität**, ohne das Wissen über komplizierte Systeme (Maschinenlogik) zu verlieren,
- **Dialogfähigkeit** und die Fähigkeit, auch mal zu streiten und zu diskutieren,
- **Diversität und Dissens** mehr denn Konformität und Konsens,
- **Sinn** und **Vertrauen** mehr denn Anweisung und Kontrolle,
- **Netzwerken** und sich verbinden mehr denn Silodenken,
- **Innovation** mehr als nur effizient das Bekannte ausschöpfen,
- ein **Führungsteam** anstelle von Einzelkämpfern.

Führung spielt dabei eine zentrale Rolle: Wir müssen uns selbst und andere führen. Dabei ist das Thema Ehrlichkeit von großer Bedeutung. Nur wenn wir ehrlich sind mit uns selbst, können wir unsere Gefühle und Gedanken wahrnehmen und die richtigen Entscheidungen treffen. Wenn wir ehrlich miteinander sind, können wir gemeinsam eine Zukunft gestalten und uns verbunden fühlen. So kann Gemeinsamkeit entstehen.

Insgesamt brauchen wir eine Kultur, die stärker auf Kooperation, auf Vernetzung, auf Dialog, auf Neugier und auf den Umgang mit Komplexität ausgerichtet ist.

Es wäre wünschenswert, wenn sich die Denkweise und die Logik, mit der wir in komplexen Zeiten des Wandels umgehen, weiterentwickeln würden. Wir sollten lernen, dass der Umgang mit Herausforderungen eher auf dem Prinzip der Polarität beruhen sollte, in dem sich Gegensätze nicht ausschließen, sondern ergänzen. In der Vergangenheit neigten wir dazu, uns für einen bestimmten Führungsstil, eine bestimmte Entscheidung oder eine Seite des Spektrums zu entscheiden, und folgten dabei der Logik des »mehr davon«. Doch das Leben lehrt uns, dass Entwicklung sich eher entlang eines Kontinuums von Möglichkeiten bewegt. Unsere Position auf diesem Kontinuum wird nicht nur durch unsere momentane Situation bestimmt, sondern auch durch den Kontext und die Perspektiven, die unser Umfeld prägt.

Unser traditionelles Denken und Handeln hat es oft versäumt, diese Komplexität widerzuspiegeln. Es verharrt in einem dichotomischen »Entweder-oder«, das uns glauben lässt, wir müssten immer die eine Seite bevorzugen und die andere ablehnen. Diese Logik verleitet uns dazu, vorschnelle Urteile zu fällen und Menschen, Themen und Ideen in starre Kategorien einzuordnen. Wir neigen dazu, Gegensätze zu sehen und unsere Diskurse von Leitunterscheidungen oder Leitdifferenzen wie wahr/unwahr, recht/unrecht, Gewinner/Verlierer dominieren zu lassen. Man wählt einen Pol und bewertet ihn als gut, gesund, richtig. Dabei übersehen wir oft die Notwendigkeit, den Kontext und die Kultur zu berücksichtigen und das System, in dem wir agieren, zu hinterfragen und zu verändern.

Der Weg des Wandels ist stets ein Weg der Suche und des Experimentierens. Es ist wichtig, eine Denkweise zu haben, die es uns ermöglicht, nicht vorschnell zu urteilen oder auszugrenzen. Eine Denkweise, die das Absolutistische vermeidet. Anstatt uns schnell festzulegen, eine Seite des Spektrums als gut oder schlecht zu klassifizieren und uns nach den Kategorien »mehr vom Selben« oder »weniger vom Selben« zu richten, benötigen wir mehr Regulierungsfähigkeit. Regulierung bedeutet, dass wir zwischen Optionen wählen können, und zwar so, dass wir immer die Freiheit haben, auch das andere zu wählen. Mal die eine, mal die andere Alternative. Gute Entscheidungen im Sinne einer Transformation sind selten schwarz oder weiß, selten ein Entweder-oder. Es handelt sich eher um ein »mehr oder weniger« oder »heute so oder morgen anders«, das es immer wieder aufs Neue auszubalancieren gilt.

Wir hoffen, dieses Buch hat Ihnen Mut gemacht und neue Zuversicht gegeben, Transformationen zu wagen und Veränderungen offen entgegenzutreten. Wir haben versucht, zu inspirieren und Ideen zu geben, mit denen Sie den Wandel beflügelt gestalten können. Von Herzen wünschen wir Ihnen viel Erfüllung und Erfolg damit. Und bedenken Sie: »Dem Gehenden schiebt sich der Weg unter die Füße.«[1]

Unter bausteine-des-wandels.de finden Sie zusätzliche Methodenbeispiele für Workshops, weitere Materialien zum Buch und ausführliche Informationen zu Astrid Schulte und Reza Razavi.

# Literatur


Bergmann, Frithjof/Friedland, Stella: *Neue Arbeit kompakt.* Freiburg: Arbor Verlag, 2007.

Blanton, Brad: *Radikal Ehrlich. Verwandle Dein Leben – Sag die Wahrheit.* Hannover: inspiriert Verlag e.K., 2015. Kindle-Version.

Bloch, Ernst: *Erbschaft dieser Zeit.* 4. Aufl., Frankfurt am Main: Suhrkamp, 1985.

Clear, James: Die 1 %-Methode – Minimale Veränderung, maximale Wirkung. Mit kleinen Gewohnheiten jedes Ziel erreichen – Mit Micro Habits zum Erfolg. München: Goldmann, 2020. Kindle-Version.

CONECTA (Hrsg.): Führung leben. Praktische Beispiele – praktische Tipps – praktische Theorie. 2. Edition, Heidelberg: Carl-Auer Verlag, 2015.

Covey, Stephen R.: *Die 7 Wege zur Effektivität.* Offenbach: Gabal, 2005.

Ebeling, Martin: »Schöne neue Arbeitswelt?«, Sternstunde Philosophie: https://www.srf.ch/play/tv/sternstunde-philosophie/video/schoene-neue-arbeitswelt?urn=urn:srf:video:37c8cb32–9bd1–41c0-aee0-b908c0b7d969 (abgerufen am 21.5.2024)

Edmondson, Amy C.: Die angstfreie Organisation. Wie Sie psychologische Sicherheit am Arbeitsplatz für mehr Entwicklung, Lernen und Innovation schaffen. München: Vahlen, 2020.

Eidenschink, Klaus: »Berater sind keine Lehrer«, in: *wirtschaft + weiterbildung,* 04/2019.

Eidenschink, Klaus: »Konflikte und ihre Dynamik«, Teil 1/12: https://metatheorie-der-veraenderung.info/2021/10/23/konfliktdynamik-teil-1/ (abgerufen am 21.5.2024)

Eidenschink, Klaus/Merkes, Ulrich: *Entscheidungen ohne Grund. Organisationen verstehen und beraten.* Göttingen: Vandenhoeck & Ruprecht, 2001.

Eidenschink, Klaus: Die Kunst des Konflikts. Konflikte schüren und beruhigen lernen. Heidelberg: Carl-Auer Verlag, 2023.

Eidenschink, Klaus: Podcast GOOD WORK, 8. Oktober 2023: https://goodwork-salon.de/podcast-good-work/klaus-eidenschink-konflikt/ (abgerufen am 21.5.2024)

El-Mafaalani, Aladin: Das Integrationsparadox. Warum gelungene Integration zu mehr Konflikten führt. Köln: Kiepenheuer & Witsch, 2020.

Ellinor, Linda/Gerard, Glenna: Der Dialog im Unternehmen. Inspiration, Kreativität, Verantwortung. Stuttgart: Klett-Cotta, 2000.

Gaub, Florence: *Zukunft. Eine Bedienungsanleitung.* München: dtv Verlagsgesellschaft, 2023.

Geiger, Christina: »Die Ganzheit der Gegensätze!«: https://metatheorie-der-veraenderung.info/wp-content/uploads/2017/12/Die-Ganzheit-der-Gegensätze_Chr.Geiger.pdf (abgerufen am 21.5.2024)

Graf, Richard: Die neue Entscheidungskultur. Mit gemeinsam getragenen Entscheidungen zum Erfolg. München: Carl Hanser Verlag, 2018.

Grubendorfer, Christina/ Ackermann, Christina: The Real Book of Work: Organisationen in Not. Warum wir umdenken müssen, um sie in die Zukunft zu führen. München: Vahlen, 2023.

Hartkemeyer, Martina: *Das Geheimnis des Dialogs.* Mühlheim: Auditorium Netzwerk, 2002. Audio-CD.

Hartkemeyer, Martina/Hartkemeyer, Johannes F.: *Die Kunst des Dialogs. Kreative Kommunikation entdecken.* Stuttgart: Klett-Cotta, 2005.

Horx, Matthias: 15 ½ Regeln für die Zukunft. Anleitung zum visionären Leben. Berlin: Econ, 2015.

Horx, Matthias: »Regnose und Prognose: Wo liegt der Unterschied?«: https://www.zukunftsinstitut.de/artikel/zukunftsreport/das-prinzip-regnose/ (abgerufen am 21.5.2024)

Hüther, Gerald: *Würde. Was uns stark macht – als Einzelne und als Gesellschaft.* München: Albrecht Knaus Verlag, 2018. Kindle-Version.

Johner, Philipp: Transforming Leaders: Top-Management und Transformation. So werden Sie nachhaltig erfolgreich, steigern die Mitarbeiterzufriedenheit und sparen Kosten. Freiburg: Haufe, 2010.

Keller, Tobias: Management von Verhalten in Organisationen. Grundlagen, Anwendungsfelder und Fallstudien. Berlin: De Gruyter, 2021. Kindle-Version.

Kofman, Fred: Conscious Business. How to Build Value Through Values. sounds true, 2013.

Kruse, Peter: next practice: Erfolgreiches Management von Instabilität. Veränderung *durch Vernetzung.* 9., erw. Aufl., Offenbach: Gabal, 2020.

Liesenfeld, Gabriele: Vorstellungskraft und die Magie der Frage. Wie du Fragen stellst, die neue Möglichkeiten eröffnen. Independently published, 2019. Kindle-Version.

Lüpke, Geseko von: Die Alternative. Wege und Weltbild des Alternativen Nobelpreises. München: Riemann, 2003.

Luhmann, Niklas: *Organisation und Entscheidung.* Opladen/Wiesbaden: Westdeutscher Verlag, 2000.

Malik, Fredmund: »Komplexität – was ist das?«: https://blog-conny-dethloff.de/wp-content/uploads/2012/01/Malik_Komplexitaet.pdf (abgerufen am 21.5.2024).

Malik, Fredmund: Navigieren in Zeiten des Umbruchs. Die Welt neu denken und gestalten. Frankfurt/New York: Campus, 2015.

Muster, Judith/Hermwille, Andreas/Kapitzky, Jens: *Lehren von Luhmann: Angewandte Systemtheorie. Pragmatische Lösungsansätze für Organisationen.* Bonn: ManagerSeminare Verlags GmbH, 2023.

Pietschmann, Herbert: *Die Atomisierung der Gesellschaft.* Wien: Ibera Verlag, 2009.

Razavi, Reza: Die Magie der Transformation. Wie wir Zukunft in Wirtschaft und Gesellschaft gemeinsam gestalten. Freiburg: Haufe, 2022.

Riedel, Christian: »Jede Strategie ist ein Märchen, das verbindet«: https://www.growthbystory.de/jede-strategie-ist-ein-maerchen-das-verbindet/ (abgerufen am 21.5.2024)

Roth, Gerhard: *Über den Menschen*. Berlin: Suhrkamp, 2021.

Sagmeister, Simon: Business Culture Design. Unternehmenskultur gestalten mit der Culture Map. Frankfurt/New York: Campus, 2016.

Schwarz, Gerhard: *Konfliktmanagement. Konflikte erkennen, analysieren, lösen*. 9. Aufl., Wiesbaden: Springer/Gabler, 2013.

Sprenger, Reinhard K.: *Radikal führen*. Frankfurt/New York: Campus, 2012.

Tolle, Eckhart: Eine neue Erde. Bewusstseinssprung anstelle von Selbstzerstörung. München: Arkana, 2015.

Walser, Martin: *Wer kennt sich schon. Lektüre zwischen den Jahren*. Frankfurt am Main: Suhrkamp, 1992.

Welzer, Harald: Transformationsdesign – GLOBArt Academy 2013: https://www.youtube.com/watch?v=HyWUS-dvfVg&t=1236s (abgerufen am 21.5.2024)

Wüthrich, Hans A.: Manifest der intellektuellen Bescheidenheit. Problemlösung neu denken. Versus Verlag, 2022. Kindle-Version.

# Anmerkungen

## Einleitung

1 Eidenschink, Klaus: *Die Kunst des Konflikts. Konflikte schüren und beruhigen lernen.* Heidelberg: Carl-Auer Verlag, 2023, S. 193.

## Kapitel 1
## Ehrlichkeit – Transformation muss man wirklich wollen

1 Bergmann, Frithjof/Friedland Stella: *Neue Arbeit kompakt. Vision einer selbstbestimmten Gesellschaft.* Freiburg: Arbor Verlag, 2007, S. 14.

2 Pietschmann, Herbert: *Die Atomisierung der Gesellschaft.* Wien: Ibera Verlag, 2009, S. 39.
Kruse, Peter: *next practice: Erfolgreiches Management von Instabilität. Veränderung durch Vernetzung.* 9., erw. Auflage, Offenbach: Gabal, 2020, Kindle-Position 1003.

3 Graves, Clare W.: Leitsätze: http://www.graves-systeme.de/graves-systeme-inhalt.html#:~:text=%E2%80%9EDie%20L%C3%B6sungen%20von%20gestern%20sinddie%20Komplexit%C3%A4t%20des%20Problems%20%C3%BCbersteigen.%E2%80%9D (abgerufen am 21.5.2024)

4 https://www.bonsai-research.com/pressemeldungen/werteindex-groesste-social-media-studie-zum-gesellschaftliche-wandel-heute-veroeffentlicht (abgerufen am 21.5.2024)
Der deutsche Werteindex wird seit 2009 alle zwei Jahre von den Herausgebern Peter Wippermann und Jens Krüger veröffentlicht und gemeinsam mit dem Forschungsteam von Bonsai, Trendbüro sowie Kantar erhoben. Basis der Publikation ist die Erfassung von 15 grundlegenden Werten in den deutschsprachigen Social Media. Der Werteindex dient dabei als Kompass für Bedeutung und Relevanz von Werten bei Verbrauchenden.

5 Blanton, Brad: *Radikal Ehrlich. Verwandle Dein Leben – Sag die Wahrheit.* inspiriert Verlag, Kindle-Version, S. 17 f.

6 Ebd., S. 194.

7 Kruse, Peter: *next practice: Erfolgreiches Management von Instabilität. Veränderung durch Vernetzung.* 9., erw. Aufl., Offenbach: Gabal, 2020.

8 Razavi, Reza: *Die Magie der Transformation. Wie wir Zukunft in Wirtschaft und Gesellschaft gemeinsam gestalten*, Freiburg: Haufe, 2022, S. 58.
9 Hüther, Gerald. Würde. *Was uns stark macht – als Einzelne und als Gesellschaft*. München: Albrecht Knaus Verlag, 2018. Kindle-Version, S. 97.

## Kapitel 2
## Werte schaffen – der Zweck von Unternehmen

1 Sprenger, Reinhard K.: *Radikal führen*. Frankfurt/New York: Campus, 2012, S. 54.
2 Die Beschleunigungsfalle: https://www.podcast.de/episode/624493293/017-die-beschleunigungsfalle-entschaerfen-hartmut-rosas-perspektiven-auf-ein-entschleunigtes-leben-teil-1. (abgerufen am 21.5.2024)
3 Ebeling, Martin: »Schöne neue Arbeitswelt?«, Sternstunde Philosophie: https://www.srf.ch/play/tv/sternstunde-philosophie/video/schoene-neue-arbeitswelt?urn=urn:srf:video:37c8cb32–9bd1–41c0-aee0-b908c0b7d969 (abgerufen am 21.5.2024)
4 Clear, James: *Die 1 %-Methode – Minimale Veränderung, maximale Wirkung. Mit kleinen Gewohnheiten jedes Ziel erreichen – Mit Micro Habits zum Erfolg*. München: Goldmann. Kindle-Version, S. 49 f.
5 Malik, Fredmund: *Navigieren in Zeiten des Umbruchs. Die Welt neu denken und gestalten*. Frankfurt/New York: Campus, 2015, S. 81.
6 Kofman, Fred: *Conscious Business. How to Build Value Through Values*. sounds true, 2006.

## Kapitel 3
## Mobilisieren – Menschen inspirieren, sich einer Bewegung anzuschließen

1 Der Begriff Possibilisten ist in den Werken von Carl Wolmar Jakob von Uexküll und von Hans Rosling zu finden.
2 Razavi, Reza: *Die Magie der Transformation. Wie wir Zukunft in Wirtschaft und Gesellschaft gemeinsam gestalten*. Freiburg: Haufe, 2022, S. 170 f.
3 Liesenfeld, Gabriele: *Vorstellungskraft und die Magie der Frage. Wie du Fragen stellst, die neue Möglichkeiten eröffnen*. Independently published, 2019. Kindle-Version.
4 Uexküll, Carl Wolmar Jakob von: »Geleitwort«, in: von Lüpke, Geseko von: *Die Alternative. Wege und Weltbild des Alternativen Nobelpreises*. München: Riemann, 2003, S. 20.

5 Vgl. Keller, Tobias: *Management von Verhalten in Organisationen. Grundlagen, Anwendungsfelder und Fallstudien.* Berlin: De Gruyter, 2021. Kindle-Version.

6 Roth, Gerhard: *Über den Menschen.* Berlin: Suhrkamp, 2021, S. 70 und Hümmeke, Frederik: *Handling shit. Der richtige Umgang mit schwierigen Personen und Situationen.* Kulmbach: books4 success, 2021, S. 66.

7 Miss-verstehen Sie mich richtig mit Gregor Gysi & Harald Welzer: https://www.youtube.com/watch?v=4132YpLiF-Q (abgerufen am 21.5.2024)

8 Clear, James: *Die 1 %-Methode – Minimale Veränderung, maximale Wirkung. Mit kleinen Gewohnheiten jedes Ziel erreichen – Mit Micro Habits zum Erfolg.* München: Goldmann. Kindle-Version, S. 137.

9 Welzer, Harald: Transformationsdesign – GLOBArt Academy 2013. https://www.youtube.com/watch?v=HyWUS-dvfVg&t=1236s (abgerufen am 21.5.2024).

10 Eidenschink, Klaus: »Berater sind keine Lehrer«, in *wirtschaft + weiterbildung,* 04/2019, S. 46.

11 Eidenschink, Klaus/Merkes, Ulrich: *Entscheidungen ohne Grund – Organisationen verstehen und beraten.* Göttingen: Vandenhoeck & Ruprecht, 2021, S. 102.

12 https://metatheorie-der-veraenderung.info/wp-content/uploads/2019/05/Wie-gelingt-Beratung.pdf, S. 44.

13 CONECTA (Hrsg.): Führung leben. Praktische Beispiele – praktische Tipps – praktische Theorie. 2. Edition, Heidelberg: Carl-Auer Verlag, 2015, S. 132.

## Kapitel 4
## Orientieren – Instrumente der Zukunftsgestaltung

1 Gaub, Florence: *Zukunft. Eine Bedienungsanleitung.* München: dtv Verlagsgesellschaft, S. 10.

2 Horx, Matthias: *15 ½ Regeln für die Zukunft: Anleitung zum visionären Leben.* Econ Verlag, Berlin 2019, S. 98.

3 https://global.chinadaily.com.cn/a/201804/25/WS5adfd904a3105cdcf651a57d.html (abgerufen am 21.5.2024).

4 Sull, Donald N., Homkes Rebecca und Sull, Charles: »Von der Strategie zur Umsetzung«, in: *Harvard Business manager,* Edition 1/2019: https://www.manager-magazin.de/harvard/strategie/von-der-strategie-zur-umsetzung-a-00000000-0002-0001-0000-000160795903 (abgerufen am 21.5.2024)

5 By the build network staff: »The Top 3 CEO Blind SpotsWhat do CEOs misunderstand the most about how their management teams think?«: https://www.inc.com/the-build-network/top-3-ceo-blindspots.html (abgerufen am 21.5.2024)

6 Razavi, Reza: *Die Magie der Transformation. Wie wir Zukunft in Wirtschaft und Gesellschaft gemeinsam gestalten*. Freiburg: Haufe, 2022, S. 14.
7 Präsidentin des Club of Rome, Dixson-Declève: »Müssen wir denn warten, bis alles in Schutt und Asche liegt?«, Spiegel online, https://www.spiegel.de/wirtschaft/praesidentin-des-club-of-rome-muessen-wir-denn-warten-bis-alles-in-schutt-und-asche-liegt-a-1cf9a243-cb7b-44a4-a3a2–649c6b3e22f0, 11.01.2023.
8 Ebd.
9 Horx, Matthias: »Regnose und Prognose: Wo liegt der Unterschied?«: https://www.zukunftsinstitut.de/artikel/zukunftsreport/das-prinzip-regnose/ (abgerufen am 21.5.2024)
10 Riedel, Christian: »Jede Strategie ist ein Märchen, das verbindet«: https://www.growthbystory.de/jede-strategie-ist-ein-maerchen-das-verbindet/ (abgerufen am 21.5.2024)
11 https://murakamy.com/ (abgerufen am 21.5.2024).

## Kapitel 5
## Kultivieren – Wandel fördern und pflegen

1 Sagmeister, Simon: *Business Culture Design. Unternehmenskultur gestalten mit der Culture Map*. Frankfurt/New York: Campus, 2016, S. 31.
2 https://www.gallup.com/de/472028/bericht-zum-engagement-index-deutschland-2023.aspx#:~:text=Seit2001erstelltGallupj%C3%A4hrlich-MotivationbeiderArbeitist (abgerufen am 21.5.2024)
3 Covey, Stephen R.: *Die 7 Wege zur Effektivität*. Offenbach: Gabal, 2005.
4 Ebd., S. 97.
5 Hüther, Gerald. *Würde. Was uns stark macht – als Einzelne und als Gesellschaft*. München: Albrecht Knaus Verlag, 2018. Kindle-Version, S. 97.
6 Tolle, Eckhart: *Eine neue Erde. Bewusstseinssprung anstelle von Selbstzerstörung*. München: Arkana, 2015, S. 45.
7 Johner, Philipp: Transforming Leaders: Top-Management und Transformation. So werden Sie nachhaltig erfolgreich, steigern die Mitarbeiterzufriedenheit und sparen Kosten. Freiburg: Haufe, 2010.
8 Grubendorfer, Christina; Ackermann, Christina. *The Real Book of Work: Organisationen in Not – Warum wir umdenken müssen, um sie in die Zukunft zu führen*. München: Vahlen, 2023. Kindle-Version, S. 233.
9 Ebd., S. 336.
10 Vgl. Geiger, Christina: »Die Ganzheit der Gegensätze!«: https://metatheorie-der-veraenderung.info/wp-content/uploads/2017/12/Die-Ganzheit-der-Gegensätze_Chr.Geiger.pdf (abgerufen am 15.05.2024)

11 Sagmeister, Stefan: *Business Culture Design. Unternehmenskultur gestalten mit der Culture Map*. Frankfurt/New York: Campus, 2016, S. 63 f.
12 Razavi, Reza: *Die Magie der Transformation. Wie wir Zukunft in Wirtschaft und Gesellschaft gemeinsam gestalten*. Freiburg: Haufe, 2022.
13 Edmondson, Amy C.: *Die angstfreie Organisation. Wie Sie psychologische Sicherheit am Arbeitsplatz für mehr Entwicklung, Lernen und Innovation schaffen*. München: Vahlen, 2020.
14 Malik, Fredmund: »Komplexität – was ist das?«: https://blog-conny-dethloff.de/wp-content/uploads/2012/01/Malik_Komplexitaet.pdf (abgerufen am 21.5.2024), S. 10.
15 Eidenschink, Klaus/Merkes, Ulrich: *Entscheidungen ohne Grund – Organisationen verstehen und beraten*. Göttingen: Vandenhoeck & Ruprecht, 2021.
16 Eidenschink, Klaus: »Die Kunst des Konflikts. Der Psychologe Klaus Eidenschink über den Umgang mit Konflikten«: https://goodwork-salon.de/podcast-good-work/klaus-eidenschink-konflikt/ (abgerufen am 21.5.2024)
17 Bloch, Ernst: *Erbschaft dieser Zeit*. 4. Aufl., Frankfurt am Main: Suhrkamp, 1985, S. 104.
18 *Wahrig Herkunftswörterbuch*. Gütersloh: Wissen Media, 2002.
19 Vgl. Muster, Judith/Hermwille, Andreas/Kapitzky, Jens: *Lehren von Luhmann: Angewandte Systemtheorie. Pragmatische Lösungsansätze für Organisationen*. Bonn: ManagerSeminare Verlags GmbH, S. 69.
20 Grubendorfer, Christina/Ackermann, Christina: *The Real Book of Work. Organisationen in Not – Warum wir umdenken müssen, um sie in die Zukunft zu führen*. München: Vahlen, 2023. Kindle-Version, S. 333.
21 Ein Minimum Viable Product, wörtlich ein »minimal brauchbares oder existenzfähiges Produkt«, ist die erste minimal funktionsfähige Iteration eines Produkts, die dazu dient, möglichst schnell aus Nutzerfeedback zu lernen und Fehlentwicklungen, die an den Anforderungen der Nutzer vorbeigehen, zu verhindern: https://de.wikipedia.org/wiki/Minimum_Viable_Product (abgerufen am 21.5.2024)
22 Razavi, Reza: *Die Magie der Transformation. Wie wir Zukunft in Wirtschaft und Gesellschaft gemeinsam gestalten*. Freiburg: Haufe, 2022, S. 207 ff.

## Kapitel 6
## Gemeinsam gestalten – Spielregeln für ein funktionierendes Miteinander

1 El-Mafaalani, Aladin: *Das Integrationsparadox. Warum gelungene Integration zu mehr Konflikten führt*. Köln: Kiepenheuer & Witsch, 2020, S. 215.

2 Ebd., S. 248.
3 Wüthrich, Hans A.: *Manifest der intellektuellen Bescheidenheit. Problemlösung neu denken.* Zürich: Versus Verlag, 2022. Kindle-Version.
4 Luhmann, Niklas: *Organisation und Entscheidung.* Opladen: Westdeutscher Verlag, 2000, S. 59.
5 Eine Studie von Salesforce fand heraus, dass 86 Prozent der Führungskräfte und Mitarbeitenden Kommunikationsfehler als eine Hauptursache für Arbeitsplatzfehler betrachten. Laut einer Studie des Gallup Instituts haben Unternehmen mit hoher Mitarbeiterbindung 37 Prozent weniger Fehlzeiten und 21 Prozent höhere Produktivität, was darauf hindeutet, dass effektive Kommunikation das Engagement und die Zufriedenheit der Mitarbeiter direkt beeinflussen kann. Eine Studie des Holmes Report schätzt, dass schlechte Kommunikation Unternehmen in den USA und Großbritannien jährlich über 37 Milliarden US-Dollar kostet. Die Kosten entstehen durch Verzögerungen, Missverständnisse und verringerte Mitarbeiterleistung. Eine Studie von McKinsey ergab, dass die durchschnittliche Interaktion mit E-Mails etwa 28 Prozent eines Arbeitstages eines Mitarbeiters ausmacht, was die Frage aufwirft, wie effizient diese Kommunikationsform wirklich ist.
6 Hartkemeyer, Martina: *Das Geheimnis des Dialogs.* Müllheim: Auditorium Netzwerk, 2002. Audio-CD.
7 Ellinor, Linda/Gerard, Glenna: *Der Dialog im Unternehmen.* Inspiration, Kreativität, Verantwortung. Stuttgart: Klett-Cotta, 2000, S. 28 f.
8 Hartkemeyer, Martina/Hartkemeyer, Johannes: *Die Kunst des Dialogs. Kreative Kommunikation entdecken.* Stuttgart: Klett-Cotta, 2005, S. 38–48.
9 Graf, Richard: *Die neue Entscheidungskultur. Mit gemeinsam getragenen Entscheidungen zum Erfolg.* München: Hanser, 2018, S. 7.
10 Eidenschink, Klaus: »Konflikte und ihre Dynamik«, Teil 1/12: https://metatheorie-der-veraenderung.info/2021/10/23/konfliktdynamik-teil-1/ (abgerufen am 21.5.2024)
11 Schwarz, Gerhard: *Konfliktmanagement. Konflikte erkennen, analysieren, lösen.* 9. Aufl., Wiesbaden: Springer/Gabler, 2013, S. 26.
12 Graf, Richard: *Die neue Entscheidungskultur. Mit gemeinsam getragenen Entscheidungen zum Erfolg.* München: Hanser, 2018, S. 407–410.
13 Razavi, Reza: *Die Magie der Transformation. Wie wir Zukunft in Wirtschaft und Gesellschaft gemeinsam gestalten.* Freiburg: Haufe, 2022, S. 169.

## Nachwort

1 Walser, Martin: *Wer kennt sich schon. Lektüre zwischen den Jahren.* Frankfurt am Main: Suhrkamp, 1992.

# Über Astrid Schulte und Reza Razavi

© Andreas Sibler

Astrid Schulte ist Unternehmerin. Nach dem Aufbau und Verkauf der Marke »bellybutton« übernahm sie 2017 als Vorstandsvorsitzende und Gesellschafterin die Berendsohn AG in Hamburg. In den vergangenen Jahren hat sie das Familienunternehmen mit ihrem Team komplett transformiert.

Vor ihrer Unternehmerkarriere hatte Astrid Schulte unterschiedliche verantwortliche Positionen inne, u.a. bei Kraft Foods, Roland Berger und Partner, Loyalty Partner (Payback) und Richemont (Cartier). In allen beruflichen Stationen sind Transformation/Digitalisierung und Aufbau von Geschäftsmodellen oder -teilen der rote Faden ihrer Wirkungskraft.

Ihre Überzeugung ist, dass langfristig nur der menschenzentrierte Ansatz in Unternehmen Zukunftsfähigkeit und Profitabilität bringen kann. Ihre Erfahrungen teilt sie in diversen Beiräten von Familienunternehmen (z. B. Margarete Steiff) und als Keynote Speakerin. Astrid Schulte hat drei Töchter und wohnt in Hamburg.

© Jackie Hardt

Reza Razavi gibt der Transformation ein Gesicht. Geboren und aufgewachsen im Iran, zog er bereits mit 14 Jahren ohne seine Eltern nach Deutschland. Dort studierte er Betriebswirtschaftslehre, Wirtschaftsinformatik sowie Daten- und Informationsmanagement.

Schon während seines Studiums startete er durch und eröffnete ein Szenelokal. Seine beruflichen Stationen führten ihn direkt ins Produkt- und Projektmanagement sowie in die Unternehmensberatung. Im Management Zentrum St. Gallen vertiefte er sein Wissen in den Bereichen Kultur, Management und Strategie. Bei der BMW Group war Reza Razavi als Senior Expert für Kultur und Transformation tätig. Als Inhouse Consultant beriet er Führungskräfte und Mitarbeitende.

Heute ist Reza Razavi selbstständiger Transformationsbegleiter, Impulsgeber, Dialogpartner und Redner im Bereich Transformation von Wirtschaft und Gesellschaft. Mit dem von ihm entwickelten Imago-Prinzip macht er Transformation sinnlich erfahrbar und vermittelt selbst komplexe Zusammenhänge verständlich und nachvollziehbar – sowohl für Unternehmen als auch für die Gesellschaft.